普通高等教育“十四五”系列教材

全栈开发项目实战

——Vue+Spring Boot

主　编◎王媛媛　张海艳　李　翔

副主编◎孙纪舟　张文巧　金圣华　任　珂

参　编◎束　玮　张豪杰

华中科技大学出版社
http://www.hustp.com
中国·武汉

内 容 简 介

本书作者系高校一线讲师，具有多年项目开发经验和授课经验。本书是按照目前 IT 互联网企业的实际用人的要求，并总结近几年应用型本科高校软件技术专业教学改革经验编写而成的。

本书以实战项目为主线，以理论基础为核心，引导读者渐进式学习 Vue＋Spring Boot。本书着重介绍网站开发的工具选择、环境搭建和项目构建等内容，详细介绍 Vue. js 开发的基础知识和相关案例实践，使用 Spring Boot 框架进行后台的创建，这样完美结合，能够让我们在开发前后端分离项目的时候得心应手，从而快速开发大型应用。

本书一共分为七章，第 1 章为背景知识，主要内容为网站开发的发展史以及 Vue. js 的简介；第 2 章为项目构建，主要介绍了开发环境的安装及项目的创建；第 3 章为 Vue. js 中组件的设计，主要介绍了 Vue. js 的基本知识；第 4 章为项目主体页面布局设计，主要从项目整体出发，按照实际案例进行设计；第 5 章为后台项目搭建，使用 Spring Boot 框架进行网站后台的搭建；第 6 章为前后端分离设计，主要介绍了使用 Django 框架进行网站的前后端分离设计；第 7 章为 ECharts 数据可视化设计，主要介绍了 ECharts 的使用方法。

本书不仅适合初学者入门学习，而且可作为高等院校和培训机构相关专业的教学参考书。同时，书中精心设计的案例对于工作多年的开发者也有参考价值，

图书在版编目(CIP)数据

Web 全栈开发项目实战：Vue＋Spring Boot/王媛媛，张海艳，李翔主编. —武汉：华中科技大学出版社，2022. 1 (2023. 6重印)

ISBN 978-7-5680-7777-4

Ⅰ. ①W…　Ⅱ. ①王…　②张…　③李…　Ⅲ. ①网页制作工具-程序设计　Ⅳ. ①TP393. 092. 2

中国版本图书馆 CIP 数据核字(2022)第 016057 号

Web 全栈开发项目实战——Vue＋Spring Boot
Web Quanzhan Kaifa Xiangmu Shizhan——Vue＋Spring Boot

王媛媛　张海艳　李　翔　主编

策划编辑：康　序
责任编辑：史永霞
封面设计：孢　子
责任监印：朱　玢

出版发行：华中科技大学出版社(中国・武汉)　　电话：(027)81321913
武汉市东湖新技术开发区华工科技园　　邮编：430223

录　　排：武汉创易图文工作室
印　　刷：武汉市洪林印务有限公司
开　　本：787mm×1092mm　1/16
印　　张：10
字　　数：269 千字
版　　次：2023 年 6 月第 1 版第 2 次印刷
定　　价：38.00 元

前言

PREFACE

近几年来，Web前端开发技术飞速发展，许多高校Web前端教学中已经打破了只讲HTML5+CSS3+JavaScript的传统格局。随着互联网(特别是移动互联网)行业的持续发展，企业开发平台开始在界面友好性和操作方便性方面投入更多的精力，Web前端从业人员数量猛增。

本书以实战项目为主线，以理论基础为核心，引导读者渐进式学习Vue+Spring Boot。本书着重介绍网站开发的工具选择、环境搭建和项目构建等内容，详细介绍Vue.js开发的基础知识和相关案例，以及使用Spring Boot框架进行后台创建的方法。这样完美的结合，能够让我们在开发前后端分离项目时得心应手，从而快速开发出大型应用项目。

本书系统地介绍了Web前端开发的基础知识和实际应用。本书一共分为七章，第1章为背景知识，主要内容为网站开发的发展史以及Vue.js的简介；第2章为项目构建，主要介绍了开发环境的安装及项目的创建；第3章为Vue.js中组件的设计，主要介绍了Vue.js的基本知识；第4章为项目主体页面布局设计，主要从项目整体出发，按照实际案例进行设计；第5章为后台项目搭建，使用SpringBoot框架进行网站后台的搭建；第6章为前后端分离设计，主要介绍了使用Django框架进行网站的前后端分离设计；第7章为ECharts数据可视化设计，主要介绍了ECharts的使用方法。

本书写作特色鲜明：一是教材结构合理，编者对教材内容的设置进行了反复推敲，在行文时指出了相关章节知识点之间的联系；二是知识点介绍简明，作者精心设计的案例紧扣理论；三是采用大量的截图，清晰地反映了页面的浏览效果；四是通过使用不同知识点设计的同一综合案例，让学生辨析不同的知识点；五是配套了上机实验网站，方便教与学。

本书以实用为出发点，精心设计了许多案例，以说明相关知识点及其用法。与本书配套的教学网站，提供了教学大纲、实验大纲、各种软件的下载链接、课件和案例源代码下载、在线测试等，极大地方便了教与学。总之，这是一本以培养应用型本科人才为目标的教材。

本书由王媛媛、张海艳、李翔等共同编写，可作为高等院校计算机及相关专业学生学习Web前端开发的教材，也可以作为Web开发爱好者的参考书。

为了方便教学，本书还配有电子课件等教学资源包，可以登录“我们爱读书”网(www.ibook4us.com)浏览，任课教师还可以发邮件至hustpeiit@163.com索取。

由于编者水平有限，书中错漏之处在所难免，在此真诚欢迎读者多提宝贵意见，以便再版时更正。

目录

CONTENTS

第1章

Web前端基础知识

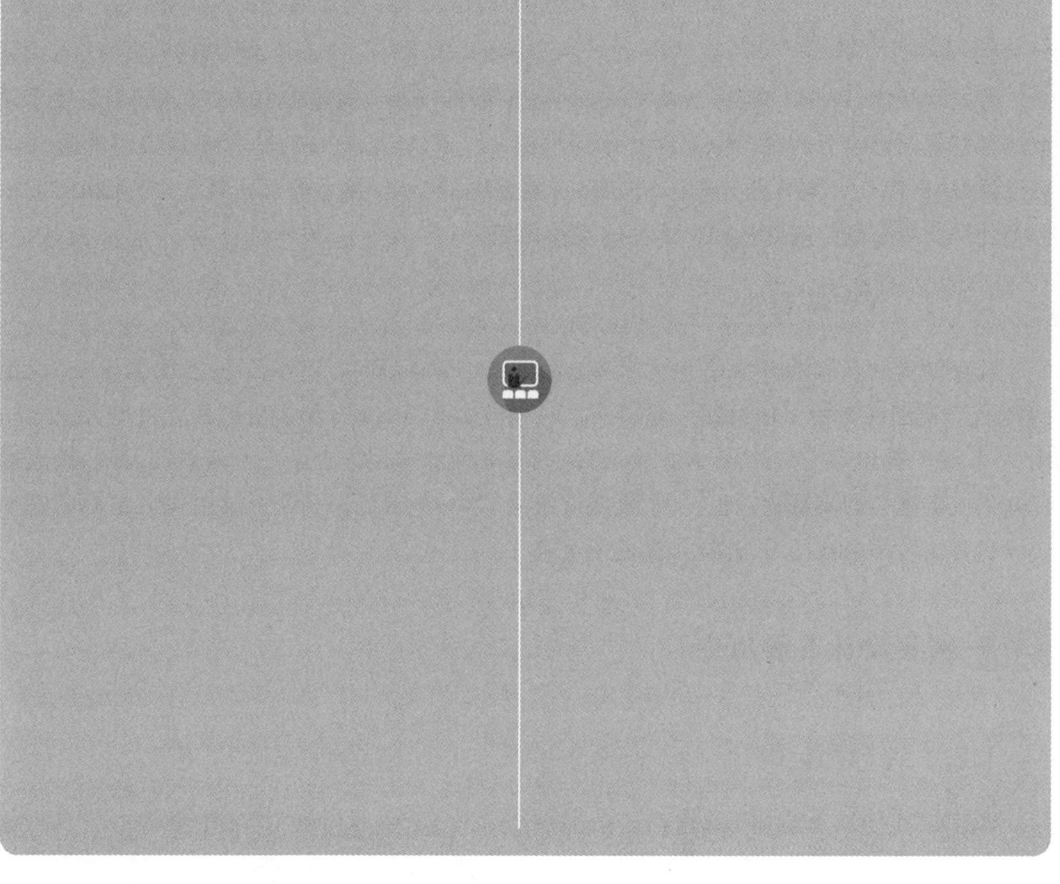

1.1 初识网页开发

1.1.1 Web标准简介

随着Internet技术的应用及普及，网络已经深入人们的生活中，并已成为生活的一个重要组成部分。而几乎所有的网络活动都与网页相关，网页设计技术已成为当前重要的计算机技术之一，也是深入学习计算机其他技术的基础和前提。纵观整个前端发展史，不论是界面设计还是代码开发，都应遵循一定的标准和规范，Web标准就是与网页相关的规范和准则。Web标准不是某一个标准，而是一系列标准的集合。网页主要由三部分组成：结构、表现和行为。对应的标准也分三个方面：结构标准语言主要包括HTML和XML，表现标准语言主要包括CSS，行为标准语言主要包括JavaScript，如图1-1所示。这些标准大部分由万维网联盟（W3C）起草和发布。

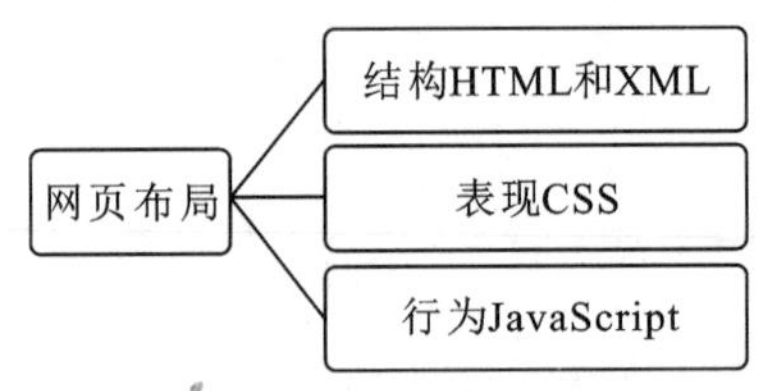

图1-1 结构、表现和行为

1.1.2 W3C组织简介

万维网联盟（World Wide Web Consortium，简称W3C）创建于1994年，是Web技术领域最具权威和影响力的国际中立性技术标准机构。W3C已发布的广为业界采用的超文本标记语言（HTML）、层叠样式表（CSS）等，有效促进了Web技术的互相兼容，对互联网技术的发展和应用起到了基础性和根本性的支撑作用。

1.1.3 WWW诞生

风靡世界的互联网环球信息技术World Wide Web（简称WWW）的发明源自20世纪80年代。英国人蒂姆·伯纳斯·李（Tim Berners-Lee）于1989年成功地开发出世界上第一个Web服务器和第一个Web客户端软件，把互联网的应用推上了一个崭新的台阶，极大地促进了人类社会的信息化进程。因"发明万维网、第一个浏览器和使万维网得以扩展的基本协议和算法"，蒂姆被授予2016年度的图灵奖。

1.2 网页设计发展历史

1.2.1 HTML简介

HTML的英文全称是hyper text markup language，直译为超文本标记语言。它是全球广域网上描述网页内容和外观的标准。事实上，HTML是一种因特网上较常见的网页制作标注性语言，而并不能算作一种程序设计语言，因为它缺少程序设计语言所应有的特征。HTML通过IE等浏览器的解析，将网页中所要呈现的内容、排版展现在用户眼前，浏览器就相当于用户与HTML之间的翻译官。

自从第一个网站在20世纪90年代初诞生以来，设计师们尝试了各种网页的视觉效果。网页的布局设计就是指网页中图像和文字之间的位置关系，简单来说，也可以称之为网页排版。分割、组织和传达信息并且使网页易于阅读、界面具有亲和力和可用性是网页设计师应有的职责。早期的网页完全由文本构成，除了一些小图片和毫无布局可言的标题与段落。随着技术的发展，出现了表格布局、Flash、基于CSS的网页设计以及响应式布局。

1.2.2 基于表格的设计

表格布局使网页设计师制作网站时有了更多选择。在HTML中表格标签的本意是为了显示表格化的数据，但是设计师很快意识到可以利用表格来构造他们设计的网页，这样就可以制作较以往作品更加复杂的、多栏目的网页。表格布局就这样流行了起来，融合了背景图片切片技术，常给人以看起来较实际布局简洁得多的结构。但表格布局存在代码冗余过长、不符合HTML规范、搜索引擎不友好等问题。

1.2.3 Flash设计年代

在20世纪90年代末，Flash成为网页设计的主要内容。Flash更小，更灵活，很快成为网页设计的主要内容。Flash没有取消基于表格的布局，而是将其作为自己的一部分。Flash元素的一个常见用途是在网站导航中，当用户点击它们时，启用Flash的按钮会改变大小和颜色。带有公司徽标或其他图形的启动页面是Flash的另一种流行用法。但Flash创建网站的速度会比较慢。

1.2.4 CSS设计

CSS设计受到关注始于21世纪初。虽然CSS已经存在很长一段时间了，但是在当时仍然缺乏主流浏览器的支持，并且许多设计师对它很陌生。

与表格布局和Flash网页相比，CSS有许多优势。首先，CSS将网页的内容与样式相分离，这从本质上意味着视觉表现与内容结构的分离，它是网页布局的最佳实践。其次，CSS极大地缩减了标签的混乱，还创造了简洁并语义化的网页布局。最后，CSS还使得网站维护更加简便，因为网页的结构与样式是相互分离的，人们完全可以改变一个基于CSS设计的网站的视觉效果而不去改动网站的内容。

由CSS设计的网页的文件体积往往小于基于表格布局的网页的文件体积，这也意味着页面响应时间的改善。虽然首次访问一个网站会下载样式表占用带宽，但CSS会将其缓存在访问者的浏览器里(默认情况下)，这样在接下来的访问过程中，网页就都会迅速显示了。

1.2.5 响应式网站设计

响应式网站设计是一种网络页面设计布局，其集中创建页面的图片版面大小，智能地根据用户行为以及使用的设备环境进行相对应的布局。

此概念于2010年5月由国外著名网页设计师 Ethan Marcotte 所提出。响应式网站设计(responsive web design)的理念是：页面的设计与开发应当根据用户行为以及设备环境(系统平台、屏幕尺寸、屏幕定向等)进行相应的响应和调整。具体的实践方式由多个方面组成，包括弹性网格和布局、图片、CSS media query 的使用等。无论用户正在使用笔记本还是 iPad，页面都应该能够自动切换分辨率、图片尺寸及相关脚本功能等，以适应不同设备；换句话说，页面应该有能力去自动响应用户的设备环境。响应式网站设计就是一个网站能够兼容多个终端，而不是为每个终端做一个特定的版本，这样就不必为不断到来的新设备做专门的版本设计和开发了。

1.3 从静态网页到动态网页

按网页的表现形式进行分类，可以将网页分为静态网页和动态网页。

1.3.1 静态网页

静态网页使用 HTML 语言编写，简单易学，但缺乏灵活性。早期的网站一般都是静态网页。静态网页的后缀为.htm、.html 或.xml 等。例如，下面后缀为.htm 的网页为静态网页：

http://webdesign.hyit.edu.cn/Main.htm

有些静态网页中含有.gif 格式的动画或滚动的文字等，这些只是视觉上有“动态效果”的网页，与动态网页是不同的概念。

最初的静态网页时，用户只能浏览网站提供的网页，若网站开发人员不修改网页，则网页内容不会发生变化。静态网页也不能实现和浏览网页的用户之间的交互。由于没有数据库的支持，静态网页在网站制作和维护方面的工作量很大。

1.3.2 动态网页

动态网页以数据库技术为基础，大大降低了网站维护的工作量。动态网页可以与浏览者进行交互，可以搜集用户填写的表单信息等。动态网页可以实现更多的功能，如用户注册、用户登录、搜索查询、用户管理等。一般，动态网页的后缀为.asp、.aspx、.php 或.jsp 等。例如，下面后缀为.asp 的网页为动态网页：

http://cwc.hyit.edu.cn/News.asp? SortID=29&ItemID=285

动态网页取决于用户提供的参数，并根据存储在数据库中的网站上的数据创建页面。通俗地讲，静态页面类似于照片，每个人看都是一样的；而动态页面类似于镜子，不同的人(不同的参数)看都不相同。

1.3.3 前端到全端

近年来，前端技术日新月异，前端已经不仅仅是网页，更多地开始由狭义向广义发展。

前端技术的融合更加紧密，应用的领域也更加广泛。先后涌现出了具备后端能力的 Node.js、具备移动开发能力的 React Native、具备游戏渲染能力的 Cocos2d-JS，以及 iOS 上的热修复技术 JSPatch 等新技术。

由于 Node.js 的出现，前端工程师不需要依赖于后端程序而直接运行，从而前后端分离。所以当开发一个新产品的时候服务只需要写一次，但是面向用户的产品可能有很多，例如网站、Android 客户端、iOS 客户端和微信小程序等。由于各个平台使用的技术栈都不一样，代码无法复用，非常浪费人力、物力。那么有没有什么技术能够解决这一痛点呢？大前端应运而生。其实大前端的主要核心就是跨平台技术，有了跨平台技术，各个平台的差异性就抹平了，开发者只需要一套技术栈就可以开发出适用于多个平台的客户端。简单来说，大前端就是所有前端的统称，大前端是 Web 统一的时代，利用 Web 不仅能开发出网站，更可以开发手机端 Web 应用和移动端应用程序。

1.4 Vue.js

在过去的十年，网页变得更加动态化和强大，多亏有 JavaScript，可以把很多传统的服务器端代码放到浏览器中，这样就产生了成千上万行的 JavaScript 代码。它们连接了各式各样的 HTML 和 CSS 文件，但缺乏正规的组织形式，这也是为什么越来越多的开发者使用 JavaScript 框架，例如 Angular、React、Vue 等。

Vue.js，通常简称 Vue，由时任 Google 工程师的中国人尤雨溪创作并开源。现在 Vue 已然成为全世界三大前端框架之一，在中国更是前端首选。

1.4.1 Vue.js 发展史

• 2013 年 12 月，更名为 Vue，图标颜色是代表勃勃生机的绿色，版本号是 0.6.0。

• 2014 年 1 月 24 日，Vue 正式对外发布，版本号是 0.8.0。

• 2014 年 2 月 25 日，0.9.0 发布，有了自己的代号——Animatrix，此后，重要的版本都会有自己的代号。

• 2015 年 6 月 13 日，0.12.0 发布，代号 Dragon Ball，Laravel 社区(一款流行的 PHP 框架的社区)首次使用 Vue，Vue 在 JS 社区也有了知名度。

• 2015 年 10 月 26 日，1.0.0 Evangelion Vue 历史上的第一个里程碑。同年，vue-router、vuex、vue-cli 相继发布，标志着 Vue 从一个视图层库发展为一个渐进式框架。

• 2016 年 10 月 1 日，2.0.0 是第二个重要的里程碑，它吸收了 React 的虚拟 DOM 方案，还支持服务端渲染。自从 Vue 2.0 发布之后，Vue 就成了前端领域的热门话题。

• 2019 年 2 月 5 日，Vue 发布了 2.6.0，这是一个承前启后的版本，在它之后，将推出 3.0.0。

• 2019 年 12 月 5 日，在万众期待中，尤雨溪公布了 Vue 3 的源代码。

1.4.2 Vue 框架简介

Vue 是一款友好的、多用途且高性能的 JavaScript 框架，是一套用于构建用户界面的渐进式框架。渐进式框架，就是你可以只用我的一部分，而不是用了我这一点就必须用我的所有部分，框架做分层设计，每层都可选，不同层可以灵活接入其他方案。如果已经有一个现成的服务器端应用，可以将 Vue 作为该应用的一部分嵌入其中，带来更加丰富的交换体验。如果希望将更多业务逻辑放到前端来实现，那么 Vue 的核心库及其生态系统也可以满足需求。和其他前端框架一样，Vue 允许将网页分割成可复用的组件，每个组件都包含属于自己的 HTML、CSS、JavaScript 以用来渲染网页中相应的地方。与其他大型框架不同的是，Vue 被设计为可以自底向上逐层应用的。一方面，Vue 的核心库只关注视图层，不仅易于上手，还便于与第三方库或既有项目整合。另一方面，当与现代化的工具链以及各种支持类库结合使用时，Vue 也完全能够为复杂的单页应用提供驱动。

和其他目前的主流框架相比，Vue 的主要优点如下：

1. 轻量级框架

只关注视图层，是一个构建数据的视图集合，大小只有几十千字节。Vue. js 通过简洁的 API 提供高效的数据绑定和灵活的组件系统。

2. 简单易学

国人开发，中文文档，不存在语言障碍，易于理解和学习。

3. 双向数据绑定

在 Vue 中，Directives 对 View 进行了封装，当 Model 中的数据发生变化时，Vue 就会通过 Directives 指令去修改 DOM，同时也通过 DOM Listener 实现对视图 View 的监听，当 DOM 改变时，就会被监听到，实现 Model 的改变，从而实现数据的双向绑定。

4. 组件化

组件化就是实现了扩展 HTML 元素，封装了可用的代码。

(1)页面上每个独立的可视或可交互区域可视为一个组件。

(2)每个组件对应一个工程目录，组件所需的各种资源在这个目录下就近维护。

(3)页面是组件的容器，组件可以嵌套、自由组合，形成完整的页面。

5. 视图、数据、结构分离

Vue 使数据的更改更为简单，不需要进行逻辑代码的修改，只需要操作数据就能完成相关操作。

6. 虚拟 DOM

可以预先通过 JavaScript 进行各种计算，把最终的 DOM 操作计算出来并优化，由于这个 DOM 操作属于预处理操作，并没有真实的操作 DOM，所以叫作虚拟 DOM。在计算完毕后才真正将 DOM 操作提交，将 DOM 操作变化反映到 DOM 树上，最终提高整个网站的运行速度。

初学者只需要了解关于 HTML、CSS 和 JavaScript 的中级知识，就能进行开发，没必要一上来就搞懂 Vue 的每一个组件和功能，可以先从核心功能开始学习，逐渐扩展。同时，在使用中，也没有必要把全部组件都拿出来，需要什么用什么就可以，也可以把 Vue 很方便地与其他已有项目或框架相结合。

1.5 MVVM 框架

1.5.1 MVVM 框架简介

Vue.js 是一个轻巧、高性能、可组件化的 MVVM 库。MVVM 即"模型-视图-视图模型"，是 Model-View-ViewModel 的简写，如图 1-2 所示。它是微软的 VPF 带来的新技术体验，本质上就是 MVC 的改进版。MVVM 就是将其中的 View 的状态和行为抽象化，让我们将视图 UI 和业务逻辑分开。当然这些事 ViewModel 已经帮我们做了，它可以取出 Model 的数据同时帮忙处理 View 中由于需要展示内容而涉及的业务逻辑。MVVM 框架是由 MVP(Model-View-Presenter)模式与 WPF 结合的应用发展演变过来的一种新型架构，它立足于原有 MVP 框架，并且把 WPF 的新特性糅合进来，以应对客户日益复杂的需求变化。

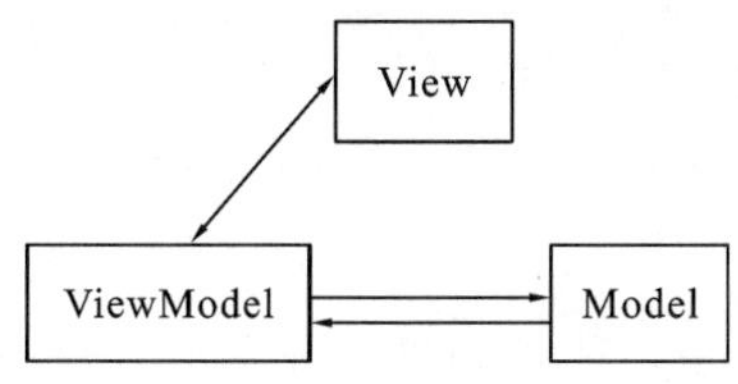

图 1-2 MVVM 结构图

View 就是 DOM 层，代表 UI 组件，它负责将数据模型转化成 UI 展现出来。Model 层代表数据模型，也可以在 Model 中定义数据修改和操作的业务逻辑。ViewModel 就是通过 new Vue()的实例对象，Model 是原生 js。开发者修改了 DOM，ViewModel 对修改的行为进行监听，监听到后去更改 Model 层的数据，然后再通过 ViewModel 去改变 View，从而达到自动同步的目的。这样便使得为应用构建 UI 非常容易。往一个应用程序上贴一个界面越容易，外观设计师就越容易创建一个漂亮的界面。同时，当 UI 和功能越来越松耦合的时候，功能的可测试性就越来越强。

1.5.2 MVVM 的优点

MVVM 模式和 MVC 模式一样，其主要目的是分离视图(View)和模型(Model)。MVVM 有以下几大优点。

1. 低耦合

视图(View)可以独立于 Model 来变化和修改，一个 ViewModel 可以绑定到不同的 View 上，当 View 变化的时候 Model 可以不变，当 Model 变化的时候 View 也可以不变。

2. 可重用性

可以把一些视图逻辑放在一个 ViewModel 里面，让很多 View 重用这段视图逻辑。

3. 独立开发

开发人员可以专注于业务逻辑和数据的开发(ViewModel)，设计人员可以专注于页面设计，使用 Expression Blend 可以很容易地设计界面并生成 XAML 代码。

4. 可测试

界面元素是比较难以测试的，而现在可以针对 ViewModel 来写测试程序。

第2章

项目构建

2.1 准备项目开发环境

本项目的开发环境以及安装方法如下：

1. 安装 WebStorm 或 Visual Studio Code 平台

本项目的开发平台可以选用 WebStorm 或 Visual Studio Code 平台。WebStorm 可以从其官网（https://www.jetbrains.com/webstorm/）中下载并安装。本项目开发使用的 WebStorm 平台的版本信息如图 2-1 所示。

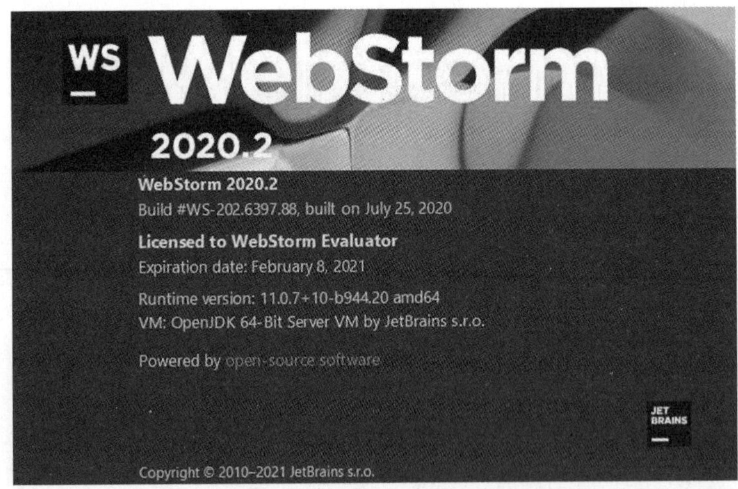

图 2-1 本项目开发使用的 WebStorm 平台的版本信息

2. 安装 Node.js

由于安装开发 Vue 项目必要的 webpack 工具包首先需要安装 Node.js，因此从其官网（https://nodejs.org/en/）下载并安装 Node.js。Node.js 自带软件包管理工具 npm（node package manager），便于后期项目的开发和设计，可以使用 npm 安装开发过程中的依赖包。Node.js 安装成功之后，在 WebStorm 的终端可用以下命令查看 Node.js 的版本信息，如图 2-2 所示。

```
node -v
```

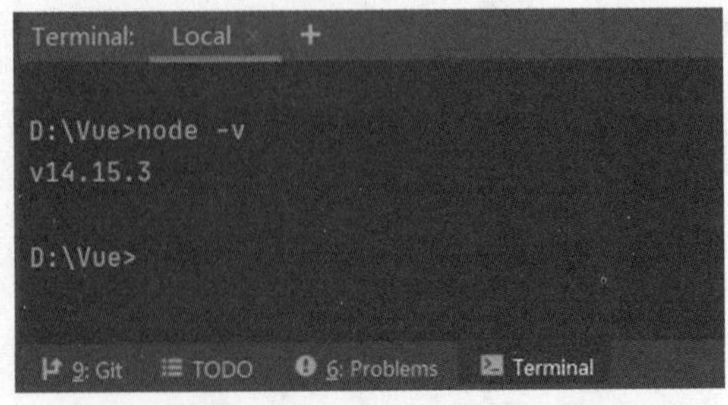

图 2-2 本项目安装的 Node.js 的版本信息

若未正常安装 Node.js，则无法显示相关版本信息。由于直接使用 npm 的官方镜像安装依赖包一般较慢，因此可以使用淘宝 npm 镜像代替默认的 npm。在 WebStorm 的终端或 Windows 命令行中应用以下命令，可全局化安装 cnpm：

```
npm install -g cnpm --registry= https://registry.npm.taobao.org
```

或者

```
npm config set registry https://registry.npm.taobao.org
```

全局化安装 cnpm 之后就可以使用 cnpm 命令安装各类模块，如下代码中[name]表示模块名。

```
cnpm install [name]
```

3. 安装 webpack

本项目借助于工具 webpack 进行模块化开发，处理模块间的各种依赖关系，处理模块化的代码，并将各种资源模块进行打包，合并成一个或多个包(bundle)。使用 webpack 处理模块之间的关系后，将多个 js 打包到一个 js 文件后，只引用一个 js 文件就非常方便。在打包的过程中，webpack 可以对资源进行处理，如压缩图片、将 TypeScript 转成 JavaScript 等操作。

在 WebStorm 的终端或 Windows 命令行中应用以下命令全局安装 webpack，其中参数-g 是指全局安装。

```
npm install -g webpack
```

4. 安装 Vue CLI

本项目使用 Vue.js 进行开发设计，需要考虑代码目录结构、项目结构和部署、代码单元测试等，因此使用 Vue 推出的可以进行工程化管理的工具 Vue CLI(command-line interface，命令行界面，俗称脚手架)。应用 Vue CLI 可以快速搭建 Vue 开发环境以及对应的 webpack 配置，快速构建一个项目的基本的雏形结构。Vue.js 官方脚手架工具使用 webpack 模板，对资源进行压缩等优化操作，提高项目开发效率。

使用如下命令全局安装 Vue CLI：

```
cnpm install -g @vue/cli
```

成功安装 Vue CLI 之后，使用命令 vue -V 或者 vue --version 查看 Vue CLI 的版本信息，如图 2-3 所示。

```
D:\Vue>vue -V
@vue/cli 4.5.10

D:\Vue>vue --version
@vue/cli 4.5.10
```

图 2-3　查看 Vue CLI 的版本信息

项目创建

2.2 项目创建

2.2.1 项目创建

1. 创建项目

在 WebStorm 的终端利用 cd 指令进入需要保存项目的文件夹，输入以下命令创建项目，其中“myproject”可以改为需要创建的项目名，注意项目名称不能使用中文，且不能使用大写字母。

```
vue create myproject
```

2. 选择项目的配置方式

选择项目的配置方式如图 2-4 所示，这里选择自定义配置项目(Manually select features)，使用键盘的上下按键选择配置项目，确定选项后按下回车键即可进入下一步。

```
Terminal:  Local  +

D:\Vue>vue create myproject


Vue CLI v4.5.10
? Please pick a preset: (Use arrow keys)
> vue_shop_preset ([Vue 2] babel, router, eslint)
  Default ([Vue 2] babel, eslint)
  Default (Vue 3 Preview) ([Vue 3] babel, eslint)
  Manually select features

6: Problems   TODO   9: Git   Terminal
```

图 2-4 终端创建 Vue 项目

3. 手动选择项目需要的特性

设置项目名称、项目描述、作者、打包方式、是否使用 ESLint 规范代码等，手动选择项目需要选择的特性，如图 2-5 所示，每一项的配置说明如下。

Babel：帮助解析 ES6 代码(ECMAScript 6)。一些低版本浏览器不能识别 ES6 代码，该插件将 ES6 代码适配成低版本浏览器能够识别的代码(必须安装)。

TypeScript：JavaScript 的一个超集，支持 ECMAScript 6 标准。

Progressive Web App (PWA) Support：渐进式 Web 应用，专门应对手机 Web 开发。

Router：Vue 路由，在项目中一般都需要使用 Vue 路由，但是本项目以从零创建项目为例，暂时不选择路由选项，需要路由时再进行创建。

Vuex：Vue 状态管理，这里暂不选择，后期需要状态管理时再进行创建。

CSS Pre-processors：CSS 预编译器(包括 SCSS/Sass、Less、Stylus)，可以生成项目后根据个人 CSS 编写习惯选择安装。

Linter / Formatter：代码规范标准(刚入门学习时不建议安装)。

项目配置、项目特性、Vue版本

Unit Testing:单元测试。

E2E Testing:端到端测试。

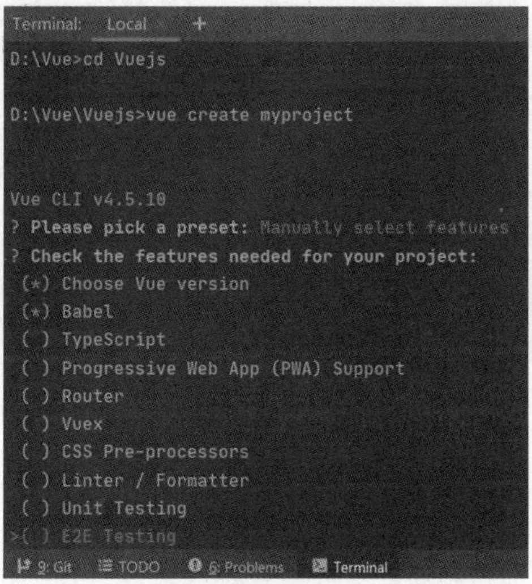

```
Terminal:  Local  +
D:\Vue>cd Vuejs

D:\Vue\Vuejs>vue create myproject


Vue CLI v4.5.10
? Please pick a preset: Manually select features
? Check the features needed for your project:
 (*) Choose Vue version
 (*) Babel
 ( ) TypeScript
 ( ) Progressive Web App (PWA) Support
 ( ) Router
 ( ) Vuex
 ( ) CSS Pre-processors
 ( ) Linter / Formatter
 ( ) Unit Testing
>( ) E2E Testing
9: Git  TODO  6: Problems  Terminal
```

图 2-5　选择项目需要的特性

选择需要安装的插件,使用键盘的上下按键选择配置项目,按空格键切换是否选中(* 为选中状态)。本项目选择 Choose Vue version、Babel 两个选项,按下回车键后转到下一步。

4. 选择 Vue 项目的版本

这里选择 2. x 版本,如图 2-6 所示。

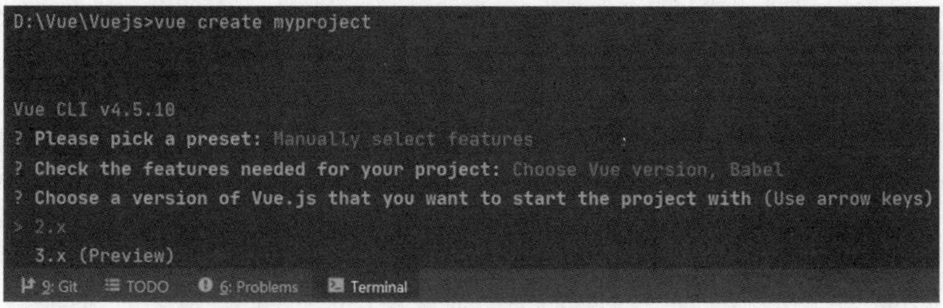

```
D:\Vue\Vuejs>vue create myproject


Vue CLI v4.5.10
? Please pick a preset: Manually select features
? Check the features needed for your project: Choose Vue version, Babel
? Choose a version of Vue.js that you want to start the project with (Use arrow keys)
> 2.x
  3.x (Preview)
9: Git  TODO  6: Problems  Terminal
```

图 2-6　选择 Vue 项目的版本

5. 配置保存位置

选择配置文件是分开存放还是单独放在一个 package. json 中,这里选择第一项分开存放(In dedicated config files),如图 2-7 所示,按下回车键进入下一步。

说明:

In dedicated config files:单独保存在各自的配置文件中。

In package. json:保存在 package. json 文件中。

设置保存位置、保存预设

```
Terminal:  Local  +

Vue CLI v4.5.10
? Please pick a preset: Manually select features
? Check the features needed for your project: Choose Vue version, Babel
? Choose a version of Vue.js that you want to start the project with (Use arrow keys)
> 2.x
  3.x (Preview)
? Choose a version of Vue.js that you want to start the project with 2.x
? Where do you prefer placing config for Babel, ESLint, etc.? (Use arrow keys)
> In dedicated config files
  In package.json

9: Git  TODO  6: Problems  Terminal
```

图 2-7　配置保存位置

6. 是否需要保存预设并应用到后续的项目

一般创建项目可以不用保存预设，直接选择 No，按下回车键后等待生成项目；使用 Yes 保存预设是为了方便下次创建相同需求的配置过程项目。若选择 Yes，用英文为自定义过程预设命名，例如“mypreset”，如图 2-8 所示。若设置保存预设，则系统自动生成一个保存在 C 盘的. vuerc 文件，后面创建配置相同的项目时，即可直接选择该方式创建。

```
Terminal:  Local  +
D:\Vue\Vuejs>vue create myproject


Vue CLI v4.5.10
? Please pick a preset: Manually select features
? Check the features needed for your project: Choose Vue version, Babel
? Choose a version of Vue.js that you want to start the project with (Use arrow keys)
> 2.x
  3.x (Preview)
? Choose a version of Vue.js that you want to start the project with 2.x
? Where do you prefer placing config for Babel, ESLint, etc.? In dedicated config files
? Save this as a preset for future projects? Yes
? Save preset as: mypreset

� Preset mypreset saved in C:\Users\Administrator\.vuerc

9: Git  TODO  6: Problems  Terminal
```

图 2-8　保存预设配置

7. 项目生成

项目将生成在 cmd 设置的当前路径目录下，如图 2-9 所示。

应用 cd myproject 命令进入项目 myproject 目录，输入命令 npm run serve 启动 Vue 项目，如图 2-10 所示，则 myproject 项目创建成功。

在浏览器中输入地址 http://localhost:8080/，或者单击该地址，可在浏览器中预览项目运行效果，如图 2-11 所示。

项目生成

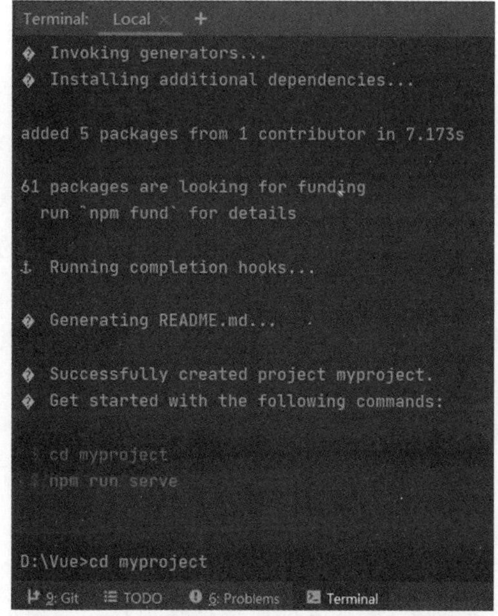

图 2-9　项目生成

```
Terminal:  Local  +

D:\Vue>cd myproject

D:\Vue\myproject>npm run serve

> myproject@0.1.0 serve D:\Vue\myproject
> vue-cli-service serve

 INFO  Starting development server...
98% after emitting CopyPlugin

 DONE  Compiled successfully in 2934ms


  App running at:
  - Local:   http://localhost:8080/
  - Network: http://192.168.0.104:8080/

  Note that the development build is not optimized.
  To create a production build, run npm run build.

9: Git   TODO   6: Problems   Terminal
```

图 2-10　启动项目 myproject

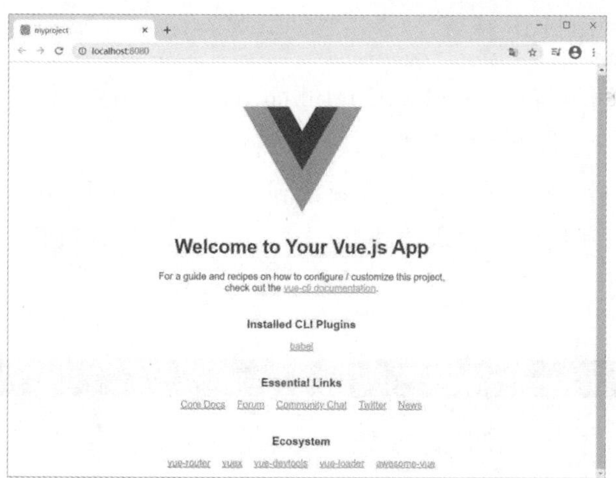

图 2-11　在浏览器中测试生成的项目 myproject

2.2.2　安装 Element Ui

Element Ui 是基于 Vue 实现的一套不依赖业务 Ui 组件库，提供了丰富的 PC 端组件，减少了用户对常用组件的封装，降低了开发的难易程度。

Vue 与 Element Ui 的关系如下：

(1) Element Ui 是基于 Vue 封装的组件库，简化了常用组件的封装，提高了重用性原则；

(2) Vue 是一个渐进式框架，Element Ui 是组件库。

Element-Ui 官网地址为 https://element.eleme.cn/#/zh-CN/component/installation。

安装
Element Ui

1. 安装 Element Ui

使用 npm 安装 Element Ui 依赖包，代码如下。安装成功后可以在项目的 node_modules 路径下找到已安装的依赖包。

```
npm i element-ui -S
```

2. 引入 Element

可以引入整个 Element，或是根据需要仅引入部分组件。我们先介绍如何引入完整的 Element。

引入依赖的方式有多种，在 src→main. js 中引入的插件、组件和样式都是全局的，在页面中的 script 中引入则只作用于当前的页面。若整个项目所有页面都需要使用到该插件，则在 main. js 中导入并注册需要使用的组件，代码如下。

```
import ElementUi from 'element-ui'
import 'element-ui/lib/theme-chalk/index.css'
Vue.use(ElementUi)
```

以上代码便完成了 Element 的引入。需要注意的是，样式文件需要单独引入。当然也可以按需导入，具体参考 Element 官网。

2.2.3 项目 GitHub 托管

为了方便管理，可以将项目托管到 GitHub(https://github. com/)或者 Gitee(https://gitee. com/)中。这里以将项目托管到 GitHub 为例。

在 GitHub 中注册用户并登录后，选择新建 repository 后，在 Repository name 处输入项目名称，如"myproject"，其他保持默认选项，单击"Create repository"创建托管项目，如图 2-12 所示。

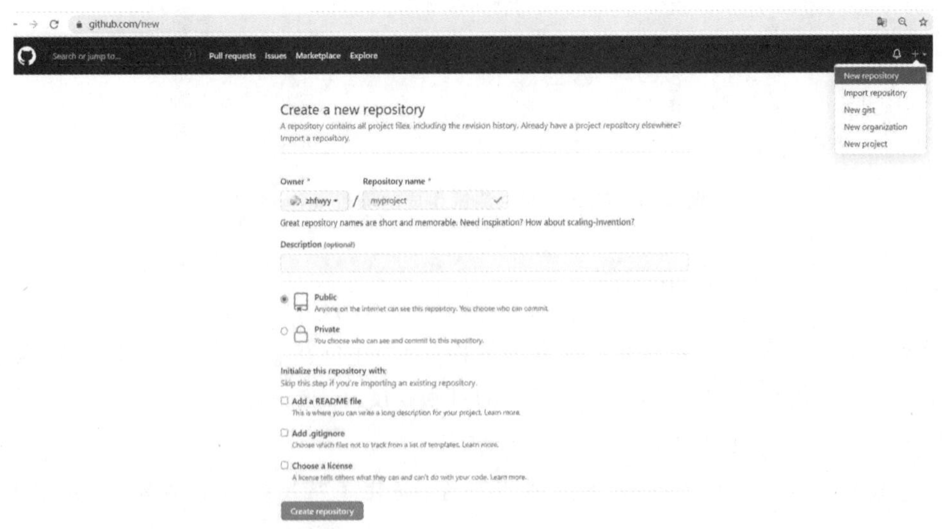

图 2-12 创建托管项目 myproject

进入项目 myproject，在 WebStorm 项目路径下的终端，分别执行图 2-13 中选中的两条命令，将本地项目 push 到 GitHub。

```
git remote add origin https://github.com/zhfwyy/myproject.git
git push -u origin master
```

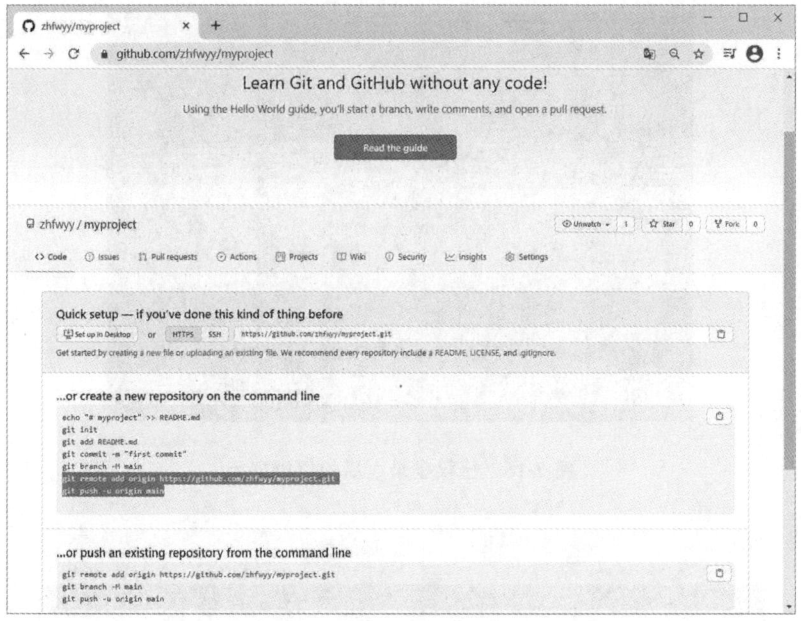

图 2-13　进入托管项目 myproject

在执行第二条语句 git push -u origin master 之后，将提示在浏览器之后授权 GitHub 代码托管上传，如图 2-14 所示；同时输入注册 GitHub 用户的密码验证，如图 2-15 所示。

图 2-14　执行 git push 界面

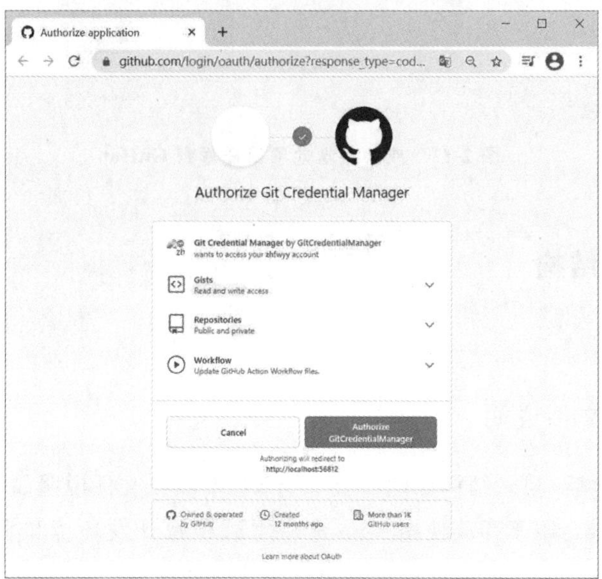

图 2-15　GitHub 授权代码托管页面

授权登录成功之后，终端的显示如图 2-16 所示，同时刷新浏览器的 GitHub 页面，本地的项目已经成功托管到 GitHub，如图 2-17 所示。

```
Terminal:  Local  +
D:\Vue\myproject>git push -u origin master
info: please complete authentication in your browser...
Enumerating objects: 25, done.
Counting objects: 100% (25/25), done.
Delta compression using up to 8 threads
Compressing objects: 100% (20/20), done.
Writing objects: 100% (25/25), 86.13 KiB | 5.74 MiB/s, done.
Total 25 (delta 0), reused 0 (delta 0), pack-reused 0
To https://github.com/zhfwyy/myproject.git
 * [new branch]      master -> master
Branch 'master' set up to track remote branch 'master' from 'origin'.

D:\Vue\myproject>
D:\Vue\myproject>
D:\Vue\myproject>
9: Git  TODO  6: Problems  Terminal
```

图 2-16　授权登录之后的终端显示

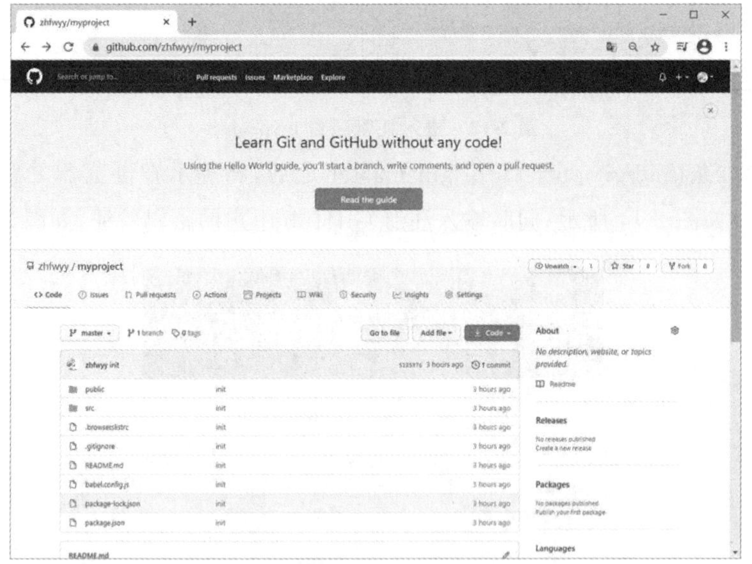

图 2-17　成功将本地项目托管到 GitHub

2.3 划分目录结构

2.3.1　项目文件说明

项目成功创建之后，目录结构如图 2-18 所示，各个项目文件说明如下。

(1)node_modules：用于存放使用 npm 命令下载项目开发环境和生成环境的各种依赖包，其中包括很多基础依赖，也可以根据需要安装其他依赖。

安装方法为：打开终端，进入项目目录，输入命令 npm install [依赖包名称]，按下回车

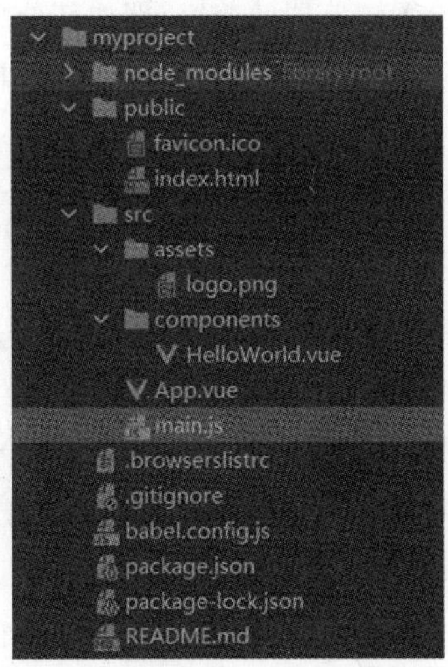

图 2-18　myproject 项目创建初始的目录结构

键。一般在两种情况下需要自行安装依赖：

①项目运行缺少某种依赖包，例如项目加载外部 CSS 会用到的 css-loader、路由跳转 vue-loader 等。安装方法示例：npm install css-loader。

②安装插件，如 vux（基于 WeUI 的移动端组件库）和 vue-swiper（轮播插件）等。

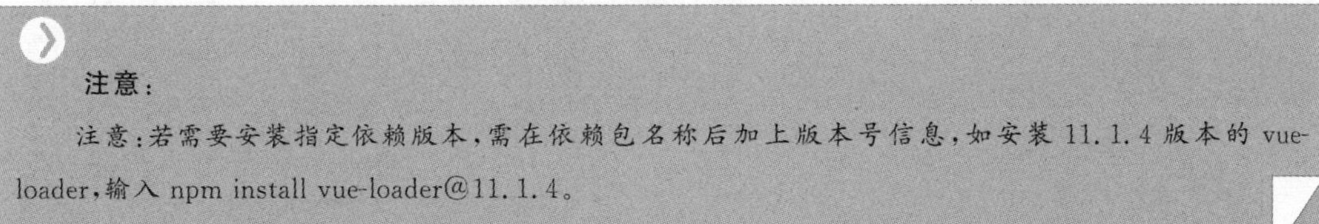

注意：

注意：若需要安装指定依赖版本，需在依赖包名称后加上版本号信息，如安装 11.1.4 版本的 vue-loader，输入 npm install vue-loader@11.1.4。

（2）public：用于存放公共静态资源，其中的文件不会被 webpack 处理，而是会直接被复制到最终的打包目录（默认是 dist 目录）下。dist 文件夹存放应用 npm run build 命令打包生成的静态资源文件，用于生产部署。

（3）public→index.html：一个模板文件，作用是生成项目的入口文件。

（4）public→favicon.ico：可以通过替换 favicon.ico 图片文件，从而替换项目运行后浏览器上方的图标。

（5）src：存放各种.vue 文件，是编写开发项目源代码的主要位置。

（6）src→assets：用于存放各种静态文件，例如图片、图标、字体。该文件夹与 public 的区别是，assets 目录中的文件会被 webpack 处理解析为模块依赖。在实际的开发中，总体来说，public 存放不会变动的文件，assets 存放可能会变动的文件。

（7）src→components：用于存放公共组件，如 header、footer 等可以复用的小组件。

（8）src→App.vue：最主要的 Vue 模块，主要使用 router-link 引入其他操作。App.vue 是项目的主组件，是页面的入口文件，所有页面在 App.vue 下切换，是路由组件的顶层路由。

（9）src→main.js：vue-cli 工程的入口文件，主要作用是初始化 Vue 实例，加载各种公共组件，同时可以在此文件中引入全局组件库或者全局挂载一些变量。

(10). browserslistrc:用于设置浏览器的兼容,例如部分配置参数。“>1%”表示全球超过1%的人使用的浏览器;“last 2 versions”表示所有浏览器兼容到最后两个版本。

(11). gitignore:配置 git 上传时需要忽略的文件格式。

(12)babel. config. js:一个工具链,主要用于在当前和较旧的浏览器或者环境中将 ES6 的代码转换得向后兼容(低版本 ES)。

(13)package. json:用于 mode-modules 资源部署和启动、打包项目的 npm 命令管理,存放项目开发需要的模块版本、项目名称。

(14)package-lock-json:执行命令 npm install 时生成的文件,用于记录当前状态下实际安装的各个 npm package 的具体来源和版本号。

(15)README. md:项目说明文件,为 markdown 格式。

2.3.2 优化目录结构

(1)为了优化目录结构,首先删除默认添加的、与本项目无关的文件和代码。

删除项目 myproject 中 src→components 目录下的 HelloWorld. vue 文件,删除 src→assets 目录下的 logo. png 文件,同时修改入口主文件 App. vue。删除创建项目时默认添加的代码如下:

```
< template>
    < div id= "app">
    < /div>
< /template>
< script>
    export default {
    name: 'app',
    components:{
    }
  }
< /script>
< style>
< /style>
```

执行命令 npm run serve 启动 myproject 项目,如图 2-19 所示,此时浏览器显示为空。

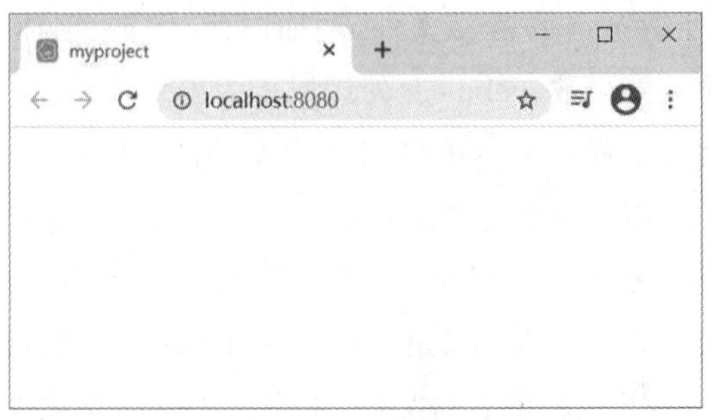

图 2-19 删除默认代码的项目运行效果

(2)根据项目开发需要优化项目的目录结构。

①在 src→assets 目录下分别新建两个存放样式和图片资源文件的目录 css 和 img。

②在 src 目录下新建 views 目录,用于存放页面级、大的组件,也是路由对应的文件,例如 Home 组件。views 和 components 文件夹都用于存放 Vue 组件,一般 components 存放从 views 中抽离的可以在多个项目或多个页面使用的公共小组件,例如 Tabbar、Navbar 组件。

③在 src→components 目录下分别新建两个目录 common 和 content。common 文件夹一般用于存放可以同时用于本项目以及其他项目的公共组件;content 文件夹一般用于存放与本项目业务相关的组件。

④在 src 目录下新建 router 目录,用于管理和配置路由。

⑤在 src 目录下新建 store 目录,用于存放 Vue 中的状态数据,使用 vuex 集中管理,是 vue. js 应用项目开发的状态管理器,主要用于维护 Vue 组件间公用的一些变量和方法。

⑥在 src 目录下新建 network 目录,用于存放与项目网络相关的封装。

⑦在 src 目录下新建 common 目录,用于存放抽取的公共的 js 文件,例如公共常量等。

优化后的项目文件目录如图 2-20 所示。

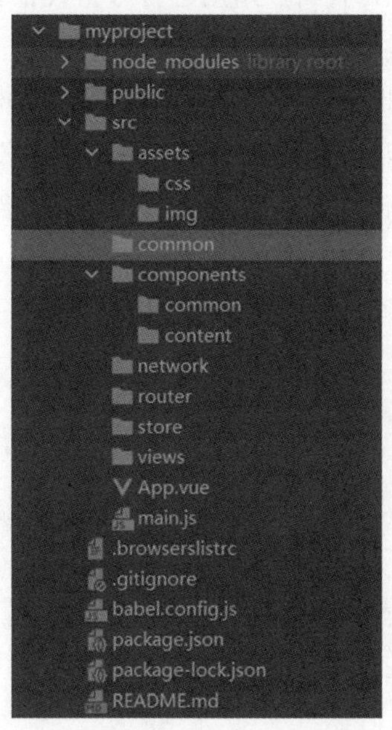

图 2-20 优化后的项目目录结构

(3)引入跨浏览器统一网页元素的样式文件 Normalize. css。

不同浏览器对于 CSS 没有定义的一些样式属性是不同的,例如:未在 CSS 中设置超链接是否有下划线时,有些浏览器显示有下划线,而有些浏览器显示没有下划线;有一些浏览器规定的超链接默认颜色是蓝色,有一些浏览器设置为黑色。

样式文件 Normalize. css 的功能是对默认样式进行重置,能够使所有浏览器对于未定义的样式浏览效果达到一致。Normalize. css 是一个可以定制的 CSS 文件,使不同浏览器在渲染网页元素的时候形式更统一,在 HTML 元素样式上提供了跨浏览器的高度一致性。

Normalize. css 的项目地址:http://necolas. github. io/normalize. css/。

Normalize.css 在 GitHub 上的源代码地址：https://github.com/necolas/normalize.css。

将样式文件 Normalize.css 下载并保存至目录 src→assets→css 下。

(4)新建项目的 base.css 样式文件。

新建项目的 base.css 样式文件用于设置本项目相关的通用样式设计，具体的样式文件代码见项目附件。在 App.vue 文件的<style></style>部分添加对 base.css 文件的引入，代码如下：

```
< style>
  @ import "./assets/css/base.css";
< /style>
```

2.3.3 配置路径别名 alias

在 Vue 项目开发中，经常需要引入不同文件目录的组件，通常通过“import 组件名 from ‘组件路径’”的结构来实现对组件的引用。而当文件路径较深或者引用的组件跨越得较远时，很容易引用出错，这里引入 alias(别名)的概念。因此，为了方便引用，需要配置路径别名。

在引入模块的时候经常会用到@符号，用@符号指代根目录下的 src 文件夹路径，@+/可以获取到 src 文件夹下的文件，这是 webpack 的默认配置。

vue-cli3 是零配置环境，因此手动配置 webpack 需要在项目 myproject 的根目录新建一个 vue.config.js 文件，这是个可选文件，项目创建时默认是没有的，不过@vue/cli-service 会自动识别加载。在 vue.config.js 文件中添加如下代码进行路径别名配置，这样下次再引用的时候不需要寻找路径，直接使用别名即可。

```
module.exports = {
configureWebpack: {
    resolve: {
      alias: {
        'views': '@ /views',
        'components': '@ /components',
        'network': '@ /network',
        'common': '@ /common',
        'assets': '@ /assets',
      }
    }
  }
}
```

注意：

由于路由 router 与 store 目录只需要使用 this.$router 或者 this.$store 即可获取其路径，因此不需要对 router 与 store 目录设置别名。

设置别名后，2.3.2 节中在 App.vue 文件的<style></style>部分添加对 base.css 文

件引入的代码时可以删除 assets 前面的路径表示，修改后的代码如下：

```
< style>
  @ import "assets/css/base.css";
< /style>
```

在 DOM 中别名引用的代码如下：

```
< img src= "~ assets/img/xx.jpg" alt= "图片 1">
```

2.3.4 设置定义代码格式

为了规范团队开发项目的代码格式风格统一，需设置定义代码格式.editorconfig。在项目的根目录下新建一个.editorconfig 文件，代码如下：

```
root = true
[* ]
charset = utf-8
indent_style = space
indent_size = 2
end_of_line = lf
insert_final_newline = true
trim_trailing_whitespace = true
```

第3章

组件的设计

3.1 应用组件设计主页功能模块

3.1.1 应用插槽设计 TabBar 组件

本节介绍将首页底部导航封装为一个单独的 TabBar 组件。

(1)将资源文件夹中的 TabBar 组件需要的图片文件夹复制到 myproject 项目的路径 src→assets→img 下,如图 3-1 所示。

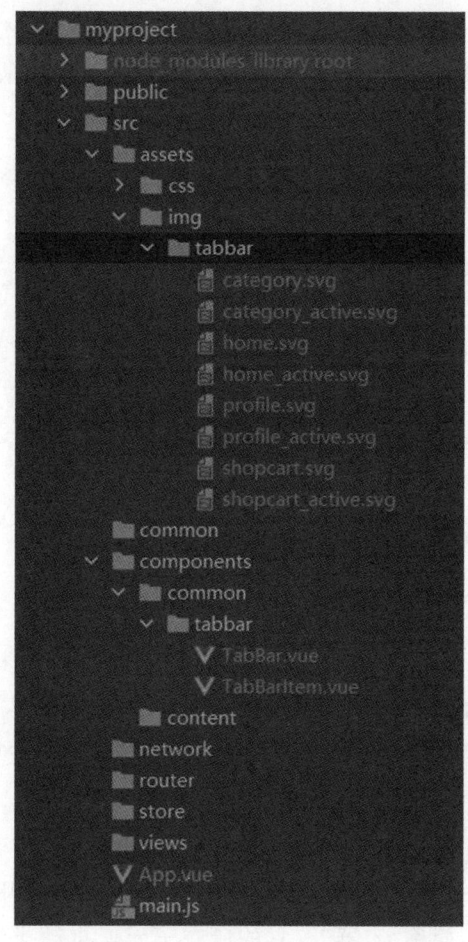

图 3-1 复制 tabbar 组件到 myproject 项目

(2)由于 src→components→common 文件夹一般用于存放可以同时用于本项目以及其他项目的公共组件,为了提高组件 TabBar 的复用性,在 common 路径下新建文件夹 tabbar,在 src→components→common→tabbar 中新建两个组件文件,分别为 TabBar. vue 和 TabBarItem. vue 文件。由于项目中一般只有一个 tabbar,因此在＜template＞＜/template＞中设置“tab-bar”为 id。

TabBar. vue 组件中的代码如下:

```
< template> //结构设计
    < div id= "tab-bar">
        < slot> < /slot>
    < /div>
< /template>

< script> //行为设计
  export default {
    name: "TabBar"
  }
< /script>
< style scoped> //样式设计
  # tab-bar {
    display: flex;
    background-color: # f6f6f6;
    position: fixed;
    left: 0;
    right: 0;
    bottom: 0;
    box-shadow: 0 -1px 1pxrgba(100,100,100,.2);
  }
< /style>
```

知识点：插槽的应用

插槽实质上是对子组件的扩展，插槽的作用是让组件更具有扩展性，通过<slot>插槽向组件内部指定位置传递内容。为了父组件可以在子组件中加入内容，可以直接在组件模板需要的位置放入<slot></slot>标签对。一般，封装的原则主要是抽取共性，保留个性，对个性的部分预留插槽 slot。

“display：flex；”中的 flex 是 flexible box 的缩写，意为“弹性布局”，用来为盒状模型提供最大的灵活性。任何一个容器都可以指定为 Flex 布局。采用 Flex 布局的元素，称为 Flex 容器(flex container)，简称“容器”。它的所有子元素自动成为容器成员，称为 Flex 项目(flex item)，简称“项目”。

插槽显不显示、怎样显示是由父组件控制的，而插槽在哪里显示由子组件控制。插槽显示的位置由子组件自身决定，插槽写在组件模板的什么位置，父组件传过来的模板将来就显示在什么位置。

例如，在一个 Father 父组件内部使用一个名为 Child 的子组件，向子组件的内部的“指定位置”传递内容：

```
<!--这是子组件-->
<div class="child">
    <h2>Child的标题</h2>
    <slot>我是一个插槽</slot>
</div>

<!--这是父组件-->
<div class="father">
    <h1>Father的标题</h1>
    <Child>
        我是需要放置到插槽中的内容
    </Child>
</div>
```

上述代码运行结果如下：

```
Father的标题
Child的标题
我是需要放置到插槽中的内容
```

常用的插槽主要有匿名插槽和具名插槽。

匿名插槽，也称为单个插槽或默认插槽；具名插槽，意思就是具有名字的插槽，名字通过属性name来定义。一个组件中可以有很多具名插槽，它们出现在不同的位置。

匿名插槽就是没有设置name属性的插槽，可以放置在组件的任意位置，一个组件中只能有一个该类插槽，作为找不到匹配的内容片段时的备用插槽，匿名插槽只能作为没有slot属性的元素的插槽。例如：

```
<div class="child">
    <h1>子组件</h1>
    <slot name="head">头部默认值</slot>
    <slot name="body">主体默认值</slot>
    <slot>这是个匿名插槽(没有name属性),这串字符是匿名插槽的默认值。</slot>
</div>

<div class="parent">
    <h1>父组件</h1>
    <child>
        <p slot="body">我是主体</p>
        <p>我是其他内容</p>
        <p slot="footer">我是底部</p>
    </child>
</div>
```

上述代码运行结果如下：

```
父组件
子组件
头部默认值
我是主体
我是其他内容
```

注意：

<p slot="footer">我是底部</p>部分被丢弃了，是因为子组件中没有 name="footer"的插槽与之匹配。如果子组件中的匿名插槽不存在，则<p>我是其他内容</p>也会被丢弃。

插槽的默认值：

在模板的 slot 标签对之间插入的标签将成为插槽的默认值。如果在 HTML 中没有在自定义组件标签对之间插入相应标签，则会使用插槽内容的默认标签。

如果有多个值同时放入组件进行替换，则它们一起作为替换元素。

3.1.2 设计 TabBarItem 组件

设计组件 TabBarItem，在其中定义两个插槽，插槽的 name 分别为"item-icon"和"item-text"，分别可以传入图片、文字。在两个插槽外层添加 div，用于设置样式。由于项目中 tabbaritem 为多项，因此在<template></template>中设置"tab-bar-item"为 class。TabBarItem.vue 组件中的代码如下：

```
< template>
  < div class= "tab-bar-item">
    < slot name= "item-icon"> < /slot>
    < slot name= "item-text"> < /slot>
  < /div>
< /template>

< script>
 export default {
   name: "TabBarItem"
 }
< /script>

< style scoped>
 .tab-bar-item {
   flex: 1;
   text-align: center;
   height: 49px;
```

```
      font-size: 14px;
    }
    .tab-bar-itemimg {
      width: 24px;
      height: 24px;
      margin-top: 3px;
      vertical-align: middle;
      margin-bottom: 2px;
    }
  < /style>
```

在 App. vue 中添加以下代码：

```
  < template>
    < div id= "app">
      < tab-bar>
        < tab-bar-item>
          < img slot= "item-icon" src= "~ assets/img/tabbar/home.svg" alt= "">
          < div slot= "item-text"> 首页< /div>
        < /tab-bar-item>
        < tab-bar-item>
          < img slot= "item-icon" src= "~ assets/img/tabbar/category.svg" alt= "">
          < div slot= "item-text"> 分类< /div>
        < /tab-bar-item>
        < tab-bar-item>
          < img slot= "item-icon" src= "~ assets/img/tabbar/shopcart.svg" alt= "">
          < div slot= "item-text"> 购物车< /div>
        < /tab-bar-item>
        < tab-bar-item>
          < img slot= "item-icon" src= "~ assets/img/tabbar/profile.svg" alt= "">
          < div slot= "item-text"> 我的< /div>
        < /tab-bar-item>
      < /tab-bar>
    < /div>
  < /template>

  < script>
    //以下两条代码用于引入组件 TabBar 和 TabBarItem
    import TabBar from 'components/common/tabbar/TabBar'
    import TabBarItem from 'components/common/tabbar/TabBarItem'
    export default {
      name: 'App',
      components: {  //用于注册组件
```

```
                TabBar,
                TabBarItem
            }
        }
    < /script>

    < style>
      @ import "assets/css/base.css";
    < /style>
```

在终端输入以下命令运行项目，项目在浏览器的运行效果如图 3-2 所示，按下 F12 按键可以打开开发者调试工具，可以看到页面底端的四个功能模块。

```
npm run serve
```

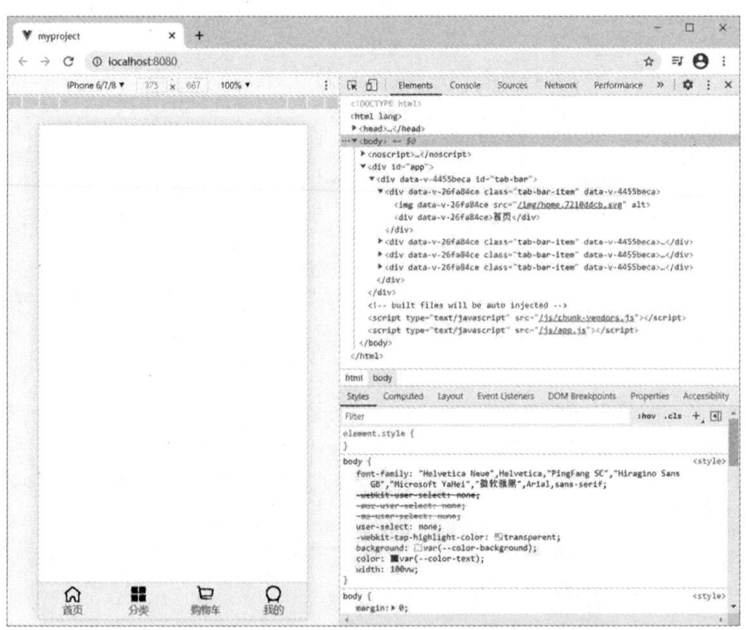

图 3-2 项目运行在浏览器中的效果

◆ 3.1.3 改进 TabBar 组件

当某一功能模块处于 active 状态时，一般需要设置图标和文字为不同的颜色，即需要在图 3-2 的基础上添加不同 active 状态对图标和文字颜色进行动态设置。这里定义另外一个插槽，插入 active-icon 的数据，同时定义一个变量 isActive，通过 v-show 来决定是否显示对应的 icon。

(1)分别修改 TabBarItem 和 App. vue 中的代码，增加插槽以显示 active 状态下不同颜色图片的切换。TabBarItem. vue 中的代码如下，相比 3. 1. 2 节中的代码，有修改的代码改为斜体加粗显示，以便区分。

```
< template>
    < div class= "tab-bar-item">
        < slot name= "item-icon"> < /slot>
        <slot name="item-icon-active"></slot>
        < slot name= "item-text"> < /slot>
    < /div>
< /template>
```

App. vue 文件修改后的代码如下：

```
< template>
    < div id= "app">
        < tab-bar>
            < tab-bar-item>
                < img slot= "item-icon" src= "~ assets/img/tabbar/home.svg"
                alt= "">
                <img slot="item-icon-active" src="~assets/img/tabbar/home_active.svg"
                alt="">
                < div slot= "item-text"> 首页< /div>
            < /tab-bar-item>
            < tab-bar-item>
                < img slot= "item-icon" src= "~ assets/img/tabbar/category.
                svg" alt= "">
                <img slot="item-icon-active" src="~assets/img/tabbar/category_active.
                svg" alt="">
                < div slot= "item-text"> 分类< /div>
            < /tab-bar-item>
            < tab-bar-item>
                < img slot= "item-icon" src= "~ assets/img/tabbar/shopcart.
                svg" alt= "">
                <img slot="item-icon-active" src="~assets/img/tabbar/shopcart_active.
                svg" alt="">
                < div slot= "item-text"> 购物车< /div>
            < /tab-bar-item>
            < tab-bar-item>
                < img slot= "item-icon" src= "~ assets/img/tabbar/profile.
                svg" alt= "">
                <img slot="item-icon-active" src="~assets/img/tabbar/profile_active.
                svg" alt="">
                < div slot= "item-text"> 我的< /div>
            < /tab-bar-item>
        < /tab-bar>
    < /div>
< /template>
```

在终端执行 npm run serve，浏览器显示如图 3-3 所示。

图 3-3　项目运行效果(一)

(2)目前在页面底端显示两种图标，我们需要使用变量 isActive 的 true 或 false 控制两种图标的显示，修改 TabBarItem.vue 文件，代码如下，项目运行效果如图 3-4 所示。注意：为了避免插槽中的属性被父组件替换，一般在插槽外部加上<div></div>标记对。有修改的代码改为斜体加粗显示。

```
<template>
  <div class="tab-bar-item">
    <div v-if="!isActive"><slot name="item-icon"></slot></div>
    <div v-else><slot name="item-icon-active"></slot></div>
    <div :class="{active: isActive}"><slot name="item-text"></slot></div>
  </div>
</template>

<script>
 export default {
  name: "TabBarItem",
  data(){
   return{
    isActive:true
   }
  }
 }
</script>

<style scoped>
```

```
        .tab-bar-item {
          flex: 1;
          text-align: center;
          height: 49px;
          font-size: 14px;
        }
        .tab-bar-itemimg {
          width: 24px;
          height: 24px;
          margin-top: 3px;
          vertical-align: middle;
          margin-bottom: 2px;
        }
        .active {
          color: red;
        }
      </style>
```

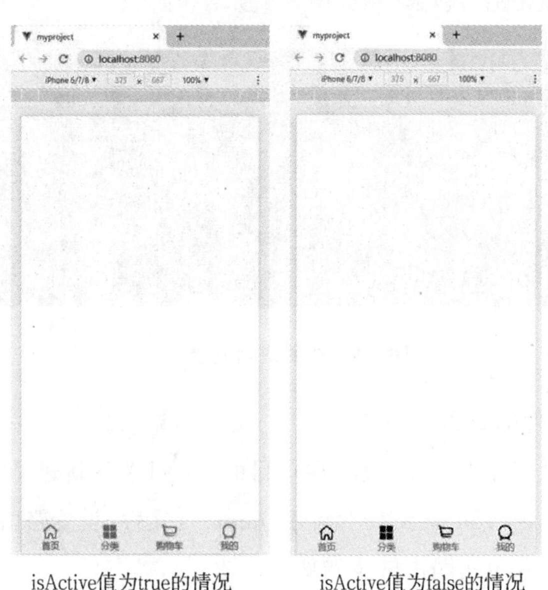

图 3-4 项目运行效果(二)

3.1.4 TabBarItem 绑定路由数据

为 TabBar 组件的不同模块绑定路由,即单击不同的功能模块在页面展示功能相对应的不同页面。

vue-router 是 Vue.js 官方的路由插件,与 Vue.js 深度集成,适合用于构建单页面应用。vue-router 基于路由和组件,路由用于设定访问路径,将路径和组件映射起来。在 vue-router 的单页面应用中,页面路径的改变就是组件的切换。

1. 在项目中安装路由

在终端执行 npm install vue-router --save 安装路由，路由属于运行时依赖。

在 GitHub 上 git clone 一个项目并打开项目下的 package. json 文件，一般都有 dependencies 和 devDependencies 两个配置项。dependencies 中存放的是项目依赖；devDependencies 存放的是环境依赖，也就是项目开发时所需要的依赖。

node package 有两种常用的依赖 dependencies 和 devDependencies。

（1）dependencies 是生产环境需要的依赖，正常运行该包时所需要的依赖项，即运行时依赖。写入模块的代码如下，如果不指定版本号，则默认安装最新版本。

```
npm install/i xxx@ version -S/--save
```

（2）devDependencies 是开发环境需要的依赖，不用于线上生产环境，例如一些进行单元测试相关的包。写入模块的代码如下。

```
npm install/i xxx -D/--save-dev
```

在 Vue 项目中，若文件使用 import 引入 devDependencies 中的插件，则会把当前引入的插件打包到文件中，若不引入则不打包。而 dependencies 中的插件不管是否引入都会被打包到文件中。

在终端成功安装路由后，终端显示如图 3-5 所示。

```
D:\Vue\Vuejs\myproject>npm install vue-router --save
npm WARN optional SKIPPING OPTIONAL DEPENDENCY: fsevents@2.3.1 (node_modules\fsevents):
npm WARN notsup SKIPPING OPTIONAL DEPENDENCY: Unsupported platform for fsevents@2.3.1: wanted {"os":"darwin","arch":"any"} (current: {"os":"win32","arch":"x64"})
npm WARN optional SKIPPING OPTIONAL DEPENDENCY: fsevents@1.2.13 (node_modules\webpack-dev-server\node_modules\fsevents):
npm WARN notsup SKIPPING OPTIONAL DEPENDENCY: Unsupported platform for fsevents@1.2.13: wanted {"os":"darwin","arch":"any"} (current: {"os":"win32","arch":"x64"})
npm WARN optional SKIPPING OPTIONAL DEPENDENCY: fsevents@1.2.13 (node_modules\watchpack-chokidar2\node_modules\fsevents):
npm WARN notsup SKIPPING OPTIONAL DEPENDENCY: Unsupported platform for fsevents@1.2.13: wanted {"os":"darwin","arch":"any"} (current: {"os":"win32","arch":"x64"})

+ vue-router@3.4.9
updated 1 package and audited 1216 packages in 95.311s

61 packages are looking for funding
  run `npm fund` for details

found 0 vulnerabilities
```

图 3-5 终端成功安装路由

2. 配置 TabBar 组件的路由

在 2.3.2 节的优化目录结构中，已经在项目的 src 目录下新建了路由 router 目录，用于管理和配置路由。在 src→router 路径下新建 index. js 文件，设置路由。

在项目中使用 vue-router 路由的步骤如下：

第一步：由于 vue-rooter 是一个插件，可以通过 Vue. use()安装路由功能，导入路由对象，并调用 Vue. use(VueRouter)。

第二步：创建路由实例，并且传入路由映射配置。

第三步：在 Vue 实例中挂载创建的路由实例。

具体配置路由的方法如下：

（1）导入路由对象。

在 src→router→index. js 文件中添加以下代码，用于导入路由对象：

```
import Vue from 'vue'
import VueRouter from 'vue-router'
```

(2)安装路由插件,即安装路由功能:

```
//1.注入路由插件
Vue.use(VueRouter)
```

(3)创建路由对象,传入路由映射配置:

```
//2.定义路由
const routes = [
//后面在这里配置映射关系
]
//3.创建路由 router 实例
const router = new VueRouter({
  routes
})
```

(4)导出路由 router:

```
//4.导出路由 router 实例
export default router
```

(5)在 main. js 中注册 router。

在 vue-cli 工程的入口文件 main. js 中导入 src→router→index. js 文件中导出的路由。

main. js 中的代码如下,由路由导入的代码改为斜体加粗显示,以便区分(后续加粗并斜体显示的代码都为相较之前新增的代码)。

```
import Vue from 'vue'
import App from './App.vue'
import router from './router'

Vue.config.productionTip = false
//在 Vue 实例中挂载创建的路由实例
new Vue({
  el:'# app',
  router,
  render: h = > h(App),
}).$ mount('# app')
```

(6)创建路由对应的组件。

在 src→views 路径中分别创建路由组件及其所在的文件夹,这样不同的功能模块可以由团队分工协作完成:

src→views→cart→Cart. vue

src→views→category→Category. vue

src→views→home→Home. vue

src→views→profile→Profile. vue

其中,src→views→home→Home. vue 代码如下:

```
< template>
    <h2>首页</h2>
< /template>

< script>
  export default {
    name: "Home"
  }
< /script>

< style scoped>
< /style>
```

Cart. vue、Category. vue 以及 Profile. vue 中的代码与上相似。

(7)配置路由映射。

在 src→router→index. js 文件中配置组件和路径的映射关系，新增的代码如下：

```
import Vue from 'vue'
import VueRouter from 'vue-router'
//以下代码导入组件
const Home =() => import('views/home/Home')
const Category =() => import('views/category/Category')
const Cart =() => import('views/cart/Cart')
const Profile =() => import('views/profile/Profile')
// 1.安装插件
Vue.use(VueRouter)
// 2.创建路由对象，配置路由映射
const routes =[
    { //设置默认路由
    path: '',
    redirect: '/home'
  },
  {
    path: '/home',
    component: Home
  },
  {
    path: '/category',
    component: Category
  },
  {
```

```
      path: '/cart',
      component: Cart
    },
    {
      path: '/profile',
      component: Profile
    }
  ]
  const router = new VueRouter({
    routes,
    mode: 'history'  //设置路由的模式
  })
  // 3.导出 router
  export default router
```

前端路由的核心：改变 URL，但是页面不进行整体的刷新。vue-router 路由（即改变路径）有两种模式：hash（默认模式）和 history。这两种模式都会更新视图，但不会重新请求页面，在地址发生改变的时候，会在浏览器中新增一条记录，通过这条记录实现更新视图，但是不请求后台服务器。

hash 模式：

- URL 的 hash 即是锚点#，例如 http://www.abc.com/#/hello，hash 值为 hello；
- hash 不会包括在 HTTP 请求中，改变 hash 不会重新加载页面；
- hash 模式依靠 onhashchange()事件监听 location.hash 的改变。

history 模式：

- 利用 HTML5 History Interface 中新增的 pushState()和 replaceState()方法；
- pushState()改变 URL 地址且不会发送请求；
- replaceState()可以读取历史记录栈，并且可对浏览器记录修改；
- 应用于浏览器的历史记录栈，提供对历史记录进行修改，改变当前的 URL，不会向后端发送请求的功能。

两种模式的比较：

- history 设置的新 URL 可以是同源的任意 URL，而 hash 模式只能够修改#后面的部分，故只可设置与当前同文档的 URL；
- history 可以添加任意类型的数据到记录当中，hash 模式只能够添加短字符串；
- history 模式可以额外添加 title 属性，提供后续使用；
- history 模式会将 URL 修改得就和正常请求后端的 URL 一样，如后端没有配置对应/user/id 的路由处理，则会返回 404 错误。

3. 监听 TabBarItem 组件中的点击事件

3.1.3 节 App.vue 中<template></template>内的代码用于向 TabBarItem 组件内传入文字和图片，若在 App.vue 中添加事件监听，则需要在每一个<tab-bar-item>内添加事件监听。为了避免代码冗余，在组件 TabBarItem. vue 内部添加鼠标单击 Item 事件的监听，通过 this. $router. replace()替换路由路径。添加的代码如下：

```
    < template>
        < div class= "tab-bar-item" @click="itemClick">
            < div v-if= "! isActive"> < slot name= "item-icon"> < /slot> < /div>
            < div v-else> < slot name= "item-icon-active"> < /slot> < /div>
            < div :class= "{active:isActive}"> < slot name= "item-text"> < /slot>
< /div>
        < /div>
    < /template>

    < script>
      export default {
        name: "TabBarItem",
        //在 TabBarItem.vue 中设置 props,用来向子组件传值
        props: {
          path: String    //指定一个字符串型的 link 属性
        },
        data(){
          return{
              isActive:true
          }
        },
        methods: {
          itemClick() {
            this. $router.replace(this. path)        //路由跳转
          }
        }
      }
    </script>
```

4. 使用路由

路由配置完成后，使用 router-view 进行渲染。在 App. vue 中使用设置过的路由，通过<router-view>组件渲染视图。router-view 的主要功能是在构建单页面应用时，方便渲染指定路由对应的组件。可以将 router-view 当作一个容器，它渲染的组件是使用 vue-router 指定的。

```
    < template>
        < div id= "app">
          <router-view></router-view>
```

```
    < tab-bar>
      < tab-bar-item path="/home">
        < img slot= "item-icon" src= "~ assets/img/tabbar/home.svg" alt= "">
          < img slot = "item-icon-active" src = "~ assets/img/tabbar/home_
active.svg" alt= "">
        < div slot= "item-text"> 首页< /div>
      < /tab-bar-item>
      < tab-bar-item path="/category">
        < img slot= "item-icon" src= "~ assets/img/tabbar/category.svg" alt
        = "">
        < img slot= "item-icon-active" src= "~ assets/img/tabbar/category_
active.svg" alt= "">
        < div slot= "item-text"> 分类< /div>
      < /tab-bar-item>
      < tab-bar-item path="/cart">
        < img slot= "item-icon" src= "~ assets/img/tabbar/shopcart.svg" alt
        = "">
        < img slot= "item-icon-active" src= "~ assets/img/tabbar/shopcart_
active.svg" alt= "">
        < div slot= "item-text"> 购物车< /div>
      < /tab-bar-item>
      < tab-bar-item path="/profile">
        < img slot= "item-icon" src= "~ assets/img/tabbar/profile.svg" alt
        = "">
         < img slot= "item-icon-active" src= "~ assets/img/tabbar/profile_
active.svg" alt= "">
        < div slot= "item-text"> 我的< /div>
      < /tab-bar-item>
    < /tab-bar>
  < /div>
< /template>
```

在终端输入命令 npm run serve 运行项目，单击页面下方不同的 Item，即可在页面上方显示 Item 对应的页面内容。项目在浏览器中的运行效果如图 3-6 所示。

5. 判断 Item 是否为 active 状态

由于在组件 TabBarItem. vue 中 Item 的活跃状态被设置为 true(isActive: true)，因此图 3-6 页面底部的 Item 项均为亮色。这里需要动态获取 Item 的 active 状态。通过 this. $route. path. indexOf(this. link) ! ==-1 判断页面底端的 Item 是否为 active 状态，同时注释代码 isActive: true。在 TabBarItem. vue 中修改代码如下，项目运行后单击页面底端不同的 Item，效果如图 3-7 所示，被选中的 Item 为亮色显示。

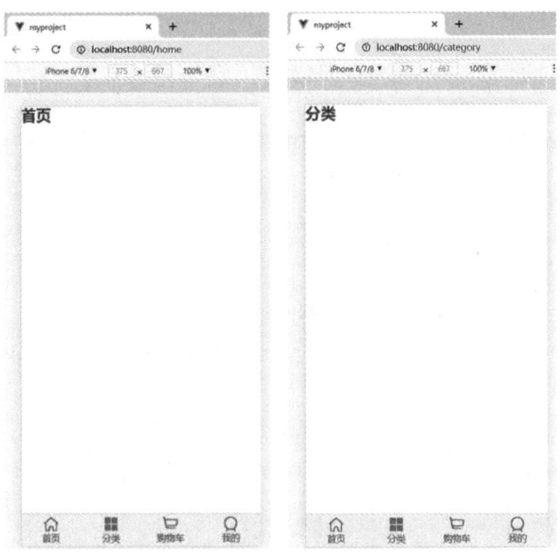

图 3-6　项目运行效果(三)

```
< script>
  export default {
    name: "TabBarItem",
    props: {
      path: String
    },
    data() {
      return{
        //isActive:true
      }
    },
    computed: {
      isActive() {
        /* 如果当前 path 在路由映射表内,则返回 true(隐式返回);如果不在数组里,
indexOf 会返回- 1,这是 indexOf 函数 */
        return this.$route.path.indexOf(this.path) ! ==-1
      }
    },
    methods: {
      itemClick() {
        this.$ router.replace(this.path)
      }
    }
  }
< /script>
```

图 3-7　项目运行效果

6. 动态设置处于 active 状态的 Item 的样式

在 TabBarItem. vue 文件中设置 Item 颜色显示为红色，代码如下：

```
.active{
    color: red;
  }
```

为了能够动态灵活地改变处于 active 状态的 Item 的显示颜色，修改 TabBarItem. vue 文件，封装新的计算属性，代码如下：

```
< template>
  < div class= "tab-bar-item" @ click= "itemClick">
    < div v-if= "! isActive"> < slot name= "item-icon"> < /slot> < /div>
    < div v-else> < slot name= "item-icon-active"> < /slot> < /div>
    < div:style="activeStyle"> < slot name= "item-text"> < /slot> < /div>
  < /div>
< /template>

< script>
  export default {
    name: "TabBarItem",
    props: {
      path: String,
      activeColor: {
        type: String,
        default: 'red'
      }
```

```
      },
      data(){
        return{
          //isActive:true
        }
      },
      computed: {
        isActive() {
          return this.$ route.path.indexOf(this.path) ! = = -1
        },
        activeStyle() {
          //根据 isActive 计算属性的值,返回不同的 color 值
          return this.isActive ? {color: this.activeColor} : {}
        }
      },
      methods: {
        itemClick() {
          this.$ router.replace(this.path)
        }
      }
    }
  < /script>
```

在 App. vue 文件中的<tab-bar-item></tab-bar-item>中向组件 TabBarItem. vue 传入颜色参数,这样不需要修改组件 TabBarItem. vue 的代码,可以在组件外设置传入组件的颜色参数。

```
  < template>
      < div id= "app">
        < router-view> < /router-view>
        < tab-bar>
          < tab-bar-item path= "/home" activeColor="deeppink">
              < img slot= "item-icon" src= "~ assets/img/tabbar/home.svg" alt
= "">
             < img slot= "item-icon-active" src= "~ assets/img/tabbar/home_active.
svg" alt= "">
            < div slot= "item-text"> 首页< /div>
          < /tab-bar-item>
          < tab-bar-item path= "/category" activeColor="deeppink">
            < img slot= "item-icon" src= "~ assets/img/tabbar/category.svg" alt
= "">
            < img slot= "item-icon-active" src= "~ assets/img/tabbar/category_
active.svg" alt= "">
            < div slot= "item-text"> 分类< /div>
```

```
        </tab-bar-item>
        <tab-bar-item path="/cart" activeColor="deeppink">
          <img slot="item-icon" src="~assets/img/tabbar/shopcart.svg" alt
="">
           <img slot="item-icon-active" src="~assets/img/tabbar/shopcart_
active.svg" alt="">
          <div slot="item-text">购物车</div>
        </tab-bar-item>
        <tab-bar-item path="/profile" activeColor="deeppink">
          <img slot="item-icon" src="~assets/img/tabbar/profile.svg" alt
="">
           <img slot="item-icon-active" src="~assets/img/tabbar/profile_
active.svg" alt="">
          <div slot="item-text">我的</div>
        </tab-bar-item>
      </tab-bar>
    </div>
  </template>
```

3.1.5 设计 MainTabBar 组件

App.vue 是项目的主组件，是页面的入口文件，因此不适合存放过多代码。本节将 App.vue 中用于向 TabBarItem 组件传入图片和文字的语句再次抽取为一个组件。

项目 src→components 目录下有两个文件夹 common 和 content。common 文件夹一般用于存放可以同时用于本项目以及其他项目的公共组件；content 文件夹一般用于存放与本项目业务相关的组件。因此，将原 App.vue 中的代码进一步抽取为与本项目业务相关的组件，在 src→components→content→tabbar 目录下新建 MainTabBar.vue 组件。

将 App.vue 中部分内容抽取到 MainTabBar.vue 组件中。MainTabBar.vue 组件代码如下：

```
  <template>
    <tab-bar>
      <tab-bar-item path="/home"activeColor="blue">
        <img slot="item-icon" src="~assets/img/tabbar/home.svg" alt="">
        <img slot="item-icon-active" src="~assets/img/tabbar/home_active.svg" alt="">
        <div slot="item-text">首页</div>
      </tab-bar-item>
      <tab-bar-item path="/category"activeColor="blue">
          <img slot="item-icon" src="~assets/img/tabbar/category.svg" alt
          ="">
         <img slot="item-icon-active" src="~assets/img/tabbar/category_active.
          svg" alt="">
         <div slot="item-text">分类</div>
        </tab-bar-item>
        <tab-bar-item path="/cart"activeColor="blue">
```

```
                <img slot="item-icon" src="~assets/img/tabbar/shopcart.svg" alt
                ="">
                <img slot="item-icon-active" src="~assets/img/tabbar/shopcart_active.
                svg" alt="">
                <div slot="item-text">购物车</div>
            </tab-bar-item>
            <tab-bar-item path="/profile" activeColor="blue">
                <img slot="item-icon" src="~assets/img/tabbar/profile.svg" alt="">
                <img slot="item-icon-active" src="~assets/img/tabbar/profile_active.
                svg" alt="">
                <div slot="item-text">我的</div>
            </tab-bar-item>
        </tab-bar>
< /template>

< script>
  //以下两条代码用于引入组件 TabBar 和 TabBarItem
  import TabBar from 'components/common/tabbar/TabBar'
  importTabBarItem from 'components/common/tabbar/TabBarItem'
  export default {
  name: "MainTabBar",
    components: {
      TabBar,
      TabBarItem
    }
  }
< /script>
```

则 App.vue 中代码如下，项目运行效果与 3.1.4 节所示效果相同。

```
< template>
  < div id= "app">
    < router-view> < /router-view>
    <main-tab-bar/>
  < /div>
< /template>
< script>
  import MainTabBar from 'components/content/tabbar/MainTabBar'
  export default {
    name: 'App',
    components: {
```

```
            MainTabBar
        }
    }
</script>
```

3.1.6 TabBar 组件设计小结

TabBar 组件设计方法如下，当然，也可以使用 Element Ui、Mint UI 开源组件库。

(1)将首页底部导航封装为一个单独的 TabBar 组件。

(2)应用插槽显示 TabBar 中的内容，采用 Flex 布局平分 TabBar。

(3)自定义 TabBarItem，定义插槽传入图片、文字。

(4)传入高亮图片。

①定义另外一个插槽，插入 active-icon 的数据。

②定义一个变量 isActive，通过 v-show 来决定是否显示对应的 icon。

(5)TabBarItem 绑定路由数据。

①安装路由：npm install vue-router --save。

②设计 router/index. js 的内容，并创建对应的组件。

③在 main. js 中注册 router。

④在 App. vue 中加入<router-view>组件。

(6)点击 Item 跳转到对应路由，并且动态决定 isActive。

①监听 Item 的点击事件，通过 this. $router. replace()替换路由路径。

②通过 this. $route. path. indexOf(this. link) ! ==-1 判断 Item 是否为 active。

(7)动态计算 active 样式。封装新的计算属性：this. isActive ? {'color': 'red'} : {}。

3.2 封装首页导航栏

3.2.1 封装首页导航栏组件

1. 设计 NavBar. vue 组件

由于导航栏可用于多个项目，因此这里将导航栏封装为一个组件。在 src→components→common 路径下新建 navbar→NavBar. vue 组件，由于项目中有多个导航，因此在 NavBar. vue 中设置类 class。navbar→NavBar. vue 组件内的代码如下：

```
<template>
    <div class="nav-bar ignore">
        <div class="left"><slot name="left"></slot></div>
        <div class="center"><slot name="center"></slot></div>
        <div class="right"><slot name="right"></slot></div>
```

```
    < /div>
< /template>

< script>
  export default {
    name: "NavBar"
  }
< /script>

< style scoped>
  .nav-bar {
    display: flex;
    height: 44px;
    line-height: 44px;
    text-align: center;
    box-shadow: 0 1px 1pxrgba(100,100,100,.1);//设置 box 导航栏底部效果
  }
  .left {
    width: 60px;
  }
  .right {
    width: 60px;
  }
  .center {
    flex: 1;
  }
< /style>
```

2. 设计 Home. Vue 组件

将上一步设计好的导航栏 NavBar. vue 组件导入项目首页 src→views→home→Home. vue 组件，首先输入以下代码：

```
< template>
  <div id="home">
    <nav-bar><div slot="center">购物街</div></nav-bar>
  </div>
< /template>
```

以下加粗斜体代码为平台自动添加的组件的导入。由于 2. 3. 3 节已经配置过路径别名，因此 import NavBar from "../../components/common/navbar/NavBar";可以改为

```
import NavBar from "components/common/navbar/NavBar";

< script>
  import NavBar from "../../components/common/navbar/NavBar";
  export default {
    name: "Home",
    components: {NavBar}
  }
< /script>
< style scoped>
< /style>
```

以上项目运行效果如图 3-8 所示。

图 3-8　项目首页运行效果

3. 设置导航栏背景色

由于导航栏颜色在不同的应用位置下背景颜色可能不同，因此不适合在导航栏组件内部设置背景颜色，即不适合将背景颜色封装到导航栏组件中，而应在 src→views→home→Home. vue 组件中设置导航栏背景色。Home. vue 中新增代码如下，项目运行后则导航栏显示背景色。

```
< template>
    < div id= "home">
        < nav-bar class="home-nav"> < div slot= "center"> 购物街< /div> < /nav-bar>
    < /div>
< /template>
< style scoped>
    .home-nav {
    background-color: var(--color-tint);
    //color-tint 是 src→assets→css→base.css 中定义的变量
    color: #fff;
   }
< /style>
```

3.2.2 首页轮播图展示

Vue 有许多开源组件可供使用，首页轮播图的展示可以直接使用 Element Ui、Mint UI（基于 Vue.js 的移动端组件库）、VantUI、vue-awesome-swiper 等开源轮播图组件。下面以 vue-awesome-swiper 为例，使用轮播图组件在项目首页显示轮播图。

1. 安装 vue-awesome-swiper 组件

vue-awesome-swiper 是一个开源的轮播图组件，其 GitHub 地址及官网分别如下：

https://github.com/surmon-china/vue-awesome-swiper

https://www.swiper.com.cn/api/index.html

选用 npm 方式安装 swiper 和 awesome-swiper 组件。注意：安装 awesome-swiper 前需要安装 swiper 插件，代码如下：

```
npm install swiper --save
npm install vue-awesome-swiper@ 2.6.7 --save
```

安装完成后，可以在项目的 node_modules 目录下找到已安装的两个组件。

在 package.json 文件中，增加了以下两个依赖。

```
"dependencies": {
    "axios": "^0.21.1",
    "core-js": "^3.6.5",
    "swiper": "^6.4.9",
    "vue": "^2.6.11",
    "vue-awesome-swiper": "^2.6.7",
    "vue-router": "^3.4.9"
   },
```

2. 引入 awesome-swiper 组件

可以使用全局引入和在组件中引入两种方式。如果项目中只有一个轮播图，可以在组件中引入；若项目中有多个轮播图，则需在全局中引入。若使用全局引入方式，则在 src→

main. js 中添加以下代码引入 awesome-swiper 组件。

```
import VueAwesomeSwiper from 'vue-awesome-swiper'
import 'swiper/swiper-bundle.css'  //注意:本语句适用于 swiper 6.x 以上版本
Vue.use(VueAwesomeSwiper)
```

3. 应用 awesome-swiper 组件

新建 src→components→common→swiper-awesome→Swiper. vue 组件，同时在 src→assets→img→swiper 路径下置入三个测试轮播图片 swiper-01. jpg、swiper-02. jpg 和 swiper-03. jpg。Swiper. vue 文件代码如下：

```
< template>
  < div>
    < swiper :options= "swiperOptions">
       < swiper-slide class = " swiper-item" : key = " item. id" v-for = " item
inswiperList">
         < img class= "swiper-img" :src= "item.imgUrl">
       < /swiper-slide>
      < ! -- Optional controls,显示圆点-→
      < div class= "swiper-pagination" slot= "pagination"> < /div>
      //< div class= "swiper-button-prev" slot= "button-prev"> < /div>
      //< div class= "swiper-button-next" slot= "button-next"> < /div>
      < div class= "swiper-scrollbar" slot= "scrollbar"> < /div>
    < /swiper>
  < /div>
< /template>
< script>
  export default {
    name: "HomeSwiper",
    data(){
      return{
        swiperOptions:{
          pagination:'.swiper-pagination', //分页器的类名
          loop:true,       //设置图片循环
          autoplay:2000,  //设置可自动播放,每隔 2 秒滑动一次
          //effect:'cube'   //设置不同图片切换样式
        },
        swiperList:[
          {
            id:'01',
            imgUrl:require('assets/img/swiper/swiper-01.jpg')
          },
```

```
                {
                    id:'02',
                    imgUrl:require('assets/img/swiper/swiper-02.jpg')
                },
                {
                    id:'03',
                    imgUrl:require('assets/img/swiper/swiper-03.jpg')
                }
              ]
            }
          }
        }
< /script>
< style scoped>
  .wrapper{
    overflow: hidden;
    width: 100% ;
    padding-bottom: 26.7% ;
  }
  .swiper-item{
    width: 100% ;
    height: 170px;
  }
  .swiper-img{
    width: 100% ;
  }
< /style>
```

4. 展示轮播图

在首页 src→views→home→Home. vue 组件中显示轮播图。导入 awesome-swiper 组件，代码如下：

```
< template>
  < div id= "home">
    < nav-bar class= "home-nav"> < div slot= "center"> 购物街< /div> < /nav-bar>
    <home-swiper></home-swiper>
  < /div>
< /template>
< script>
  import NavBar from "components/common/navbar/NavBar"
```

```
import HomeSwiper from 'components/common/swiper-awesome/Swiper'
export default {
  name: "Home",
  components: {
      NavBar,
      HomeSwiper
  }
}
</script>
```

项目运行效果如图 3-9 所示。

图 3-9　首页轮播图运行效果

3.2.3　网络模块 axios 应用

在 3.2.2 节中轮播图中的图片数据来自项目文件中的静态文件，但是实际开发中，数据应该来自项目后台。在项目前端开发过程中还可以使用另外两种方法获取后台数据：一种是使用网络模块 axios 从免费提供网络请求模拟网站中获取数据；另外一种方法是自行搭建后台项目，利用 Postman 接口测试工具进行测试。本节以第一种方法为例来讲解。

axios：ajax i/o system，是用于在 Vue.js 中发送网络请求的第三方框架。虽然可通过许多方式发送网络请求，例如传统的 Ajax、jQuery-Ajax 等，但是由于配置和调用方式等较复杂，因此一般使用 Vue.js 框架作者推荐的 axios，其使用方便。

axios 是一个基于 Promise 的发送 HTTP 请求的工具库，可以发送 GET、POST 请求。axios 框架的特点主要有：在浏览器中发送 XMLHttpRequests 请求；在 Node.js 中发送 HTTP 请求；支持 Promise API；拦截请求和响应；转换请求和响应数据；自动转换 JSON 数据；客户端支持 XSRF 防御。axios 支持的请求方式主要有以下几种：

axios(config)

```
axios.request(config)
axios.get(url[, config])
axios.delete(url[, config])
axios.head(url[, config])
axios.post(url[, data[, config]])
axios.put(url[, data[, config]])
axios.patch(url[, data[, config]])
```

1. 安装网络请求模块 axios

由于 Vue 运行时依赖 axios,所以采用'--save'的安装方式。安装 axios 的语句如下：

```
npm install axios --save
```

成功安装网络请求 axios 后,会出现提示信息,如图 3-10 所示。

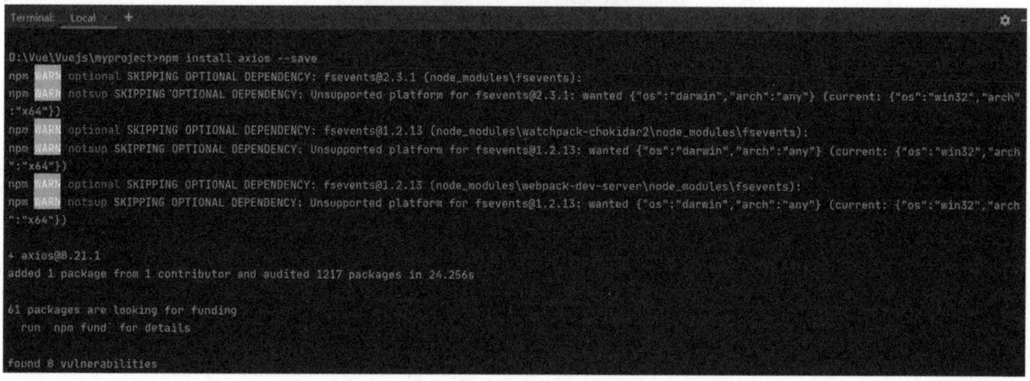

```
Terminal: Local × +

D:\Vue\Vuejs\myproject>npm install axios --save
npm WARN optional SKIPPING OPTIONAL DEPENDENCY: fsevents@2.3.1 (node_modules\fsevents):
npm WARN notsup SKIPPING OPTIONAL DEPENDENCY: Unsupported platform for fsevents@2.3.1: wanted {"os":"darwin","arch":"any"} (current: {"os":"win32","arch"
:"x64"})
npm WARN optional SKIPPING OPTIONAL DEPENDENCY: fsevents@1.2.13 (node_modules\watchpack-chokidar2\node_modules\fsevents):
npm WARN notsup SKIPPING OPTIONAL DEPENDENCY: Unsupported platform for fsevents@1.2.13: wanted {"os":"darwin","arch":"any"} (current: {"os":"win32","arch
":"x64"})
npm WARN optional SKIPPING OPTIONAL DEPENDENCY: fsevents@1.2.13 (node_modules\webpack-dev-server\node_modules\fsevents):
npm WARN notsup SKIPPING OPTIONAL DEPENDENCY: Unsupported platform for fsevents@1.2.13: wanted {"os":"darwin","arch":"any"} (current: {"os":"win32","arch
":"x64"})

+ axios@0.21.1
added 1 package from 1 contributor and audited 1217 packages in 24.256s

61 packages are looking for funding
  run `npm fund` for details

found 0 vulnerabilities
```

图 3-10 成功安装网络请求 axios 的提示信息

2. axios 的基本使用

企业级软件一般是多人开发的,接口之间互相依赖,若依赖的服务进度缓慢或没有在环境中运行,则无法进行功能测试,进而不能及时交付项目。同样,当后端 API 开发缓慢时,Web 前端开发者若需要测试应用展示效果,可使用一个稳定的测试接口,就不必等后端进度模拟后端 API,可以使用提供网络请求模拟网站,例如 https://github.com/Runscope/httpbin、https://github.com/dreamhead/moco、http://jsonplaceholder.typicode.com/、http://123.207.32.32:8000/home/multidata、https://github.com/eolinker 等,测试 HTTP 请求和响应的各种信息,比如 cookie、ip、headers 和登录验证等,且支持 GET、POST 等多种方法。也可以本地搭建 MySQL 数据库,使用 Postman 测试后台项目接口,例如本地服务器地址 http://127.0.0.1/mydata/multidata。

当使用多个服务器时,如果只抽取一个地址(地址值可能对应一台服务器),可能在其他请求中请求的是另外一台服务器的地址(对应另一台服务器),那么这个抽取的地址就不适应对另外一台服务器的请求。在这种情况下,使用 axios 时就不会使用全局设置,而是单独地创建一个 axios 实例(即在局部配置 axios)。

3. axios 的封装

由于项目的多个页面需要网络请求并导入框架,如果网络请求框架发生变化,修改多个页面则项目耦合度过高，因此需将网络请求封装到一个文件。一般在 src→network 路径下创建 request.js 文件，用于存放封装的网络配置文件，代码如下：

```
import axios from 'axios'
export function request(config) {
  // 1.创建 axios 的实例
  const instance = axios.create({
    //baseURL 会在发送请求的时候拼接在 url 参数的前面
    baseURL: 'http://123.207.32.32:8000',   //以此地址为例
    timeout: 5000
  })
  // 2.axios 的拦截器：
  //请求拦截，所有的网络请求会先访问这个方法，在其中为请求添加自定义的内容
  instance.interceptors.request.use(config = > {
    return config
  }, err = > {
    // console.log(err);
  })
  // 3.响应拦截
  instance.interceptors.response.use(res = > {
    return res.data
  }, err = > {
    console.log(err);
  })
  // 4.发送真正的网络请求
  return instance(config)
}
```

4. 封装针对首页的网络请求

将获取的轮播图数据展示到首页 Home.vue。新建 src→network→home.js 文件，封装针对首页所有的网络请求，可以对首页的网络请求进行统一的管理，即 Home.vue 针对 home.js 开发，代码如下：

```
import {request} from "./request";
export function getHomeMultidata() {
  return request({
    url: '/home/multidata'
  })
}
```

5. 设计 Home.vue 组件进行网络请求

将封装好的轮播图组件 Swiper.vue 和 SwiperItem.vue 置于新建路径下 src→components→common→swiper，同时在该路径下新建 index.js 文件，用于管理两个轮播图

组件。index.js 文件代码如下。

```
import Swiper from './Swiper'
import SwiperItem from './SwiperItem'
export {
  Swiper,SwiperItem
}
```

在 src→views→home→Home.vue 中导入 home.js,并使用 created()发送网络数据请求,Home.vue 中新增代码如下,首页经过网络请求展示轮播图。

```
< template>
    < div id= "home">
      < nav-bar class= "home-nav"> < div slot= "center"> 购物街< /div> < /nav-
bar>
      <swiper>
        <swiper-item v-for="item in banners">
          <a :href="item.link">
            <img :src="item.image" alt="">
          </a>
        </swiper-item>
      </swiper>
  < /div>
< /template>
< script>
  importNavBar from "components/common/navbar/NavBar"
  import {Swiper,SwiperItem} from 'components/common/swiper'
  import {getHomeMultidata} from "network/home"
  export default {
    name: "Home",
    components: {
      NavBar,
      Swiper,
      SwiperItem
    },
    data(){  //保存 created 返回的数据
      return{
        banners:[],
        recommends:[]
      }
    },
```

```
created() {//发送网络请求
  getHomeMultidata().then(res => {    //请求多个数据，获得返回值
    this.banners = res.data.banner.list;
    this.recommends = res.data.recommend.list;
  })
}
}
</script>
```

3.3 项目登录功能实现

3.3.1 配置后台项目环境

在 3.2.3 节中，项目使用网络模块 axios 从免费提供网络请求模拟网站中获取数据，但是该方法依赖于提供服务网站的稳定性，同时不够灵活。本节使用后台项目 vue-server、MySQL 数据库以及 Postman 接口测试工具来配置后台项目环境。

1. 安装 MySQL 数据库

自选一种安装 MySQL 数据库的方法，例如，打开 phpStudy 官网 https://www.xp.cn/download.html，下载并安装 phpStudy v8.1 应用程序，仅启动其中的 MySQL 服务，并导入素材中的数据库文件 hyitdb.sql，如图 3-11 所示。导入数据库后，phpStudy 的安装路径 D:\phpstudy_pro\Extensions\MySQL5.7.26\data\hyitdb 下的内容为导入的数据库内容。

图 3-11　导入后台数据库 hyitdb

2. 运行后台项目

Node.js 环境安装成功之后，首先打开 Windows PowerShell 窗口，使用 Windows PowerShell 窗口切换到后台项目 vue-server 并打开该项目，在终端中输入命令 npm install 安装项目运行所需的依赖包，同时在 PowerShell 窗口中输入命令 node .\app.js 启动后台项目。

3. 测试后台项目接口

接口测试就是通过测试不同情况下的入参和与之相应的出参信息，判断接口是否符

合或满足相应的功能性、安全性要求。接口测试工具很多，例如 Postman、RESTClient、JMeter、LoadRunner、SoapUI 等。Postman 可作为谷歌的一款接口测试插件，使用简单，支持用例管理，支持 GET 请求、POST 请求、文件上传、响应验证、变量管理、环境参数管理等功能，可以批量运行，并支持用例导出、导入。JMeter 是用 Java 编写的免费开源的工具，它主要用来做性能测试，相比于 LoadRunner，其内存占用小，免费开源，轻巧方便，无须安装。

这里以 Postman 测试工具为例，使用 Postman 测试后台项目接口是否正常。安装 Postman 工具，在图 3-12 所示界面中输入 POST 请求地址"http://127.0.0.1:8888/api/private/v1/login"，同时在"KEY"和"VALUE"中分别输入图 3-12 所示的字段和值，用于测试项目接口是否正常。若接口测试如图 3-12 所示，则表示项目接口运行正常。

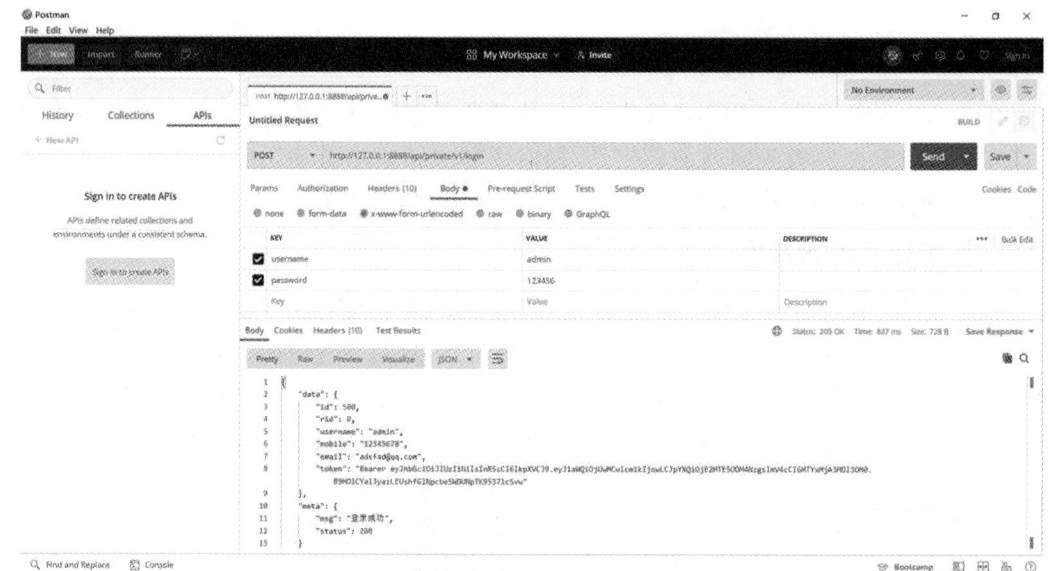

图 3-12　运行 Postman 测试项目接口

3.3.2　用户登录

实现用户登录的业务流程如下：在登录页面输入用户名和密码；调用后台接口进行验证；通过验证之后，根据后台的响应状态跳转到项目主页。以前端设计框架 Element Ui 为例设计项目登录功能。

1. 设计登录表单

在 Form 组件中，每一个表单域由一个 Form-Item 组件构成，表单域中可以放置各种类型的表单控件，包括 Input、Select、Checkbox、Radio、Switch、DatePicker、TimePicker 等。

项目运行后，单击页面底端最右侧的"我的"，若项目为未登录状态，则显示登录界面。使用 Element Ui 设计登录界面，参考 Element Ui 官网中组件文档设计登录界面。src→views→profile→Profile. vue 组件中的代码如下：

```
< template>
  < div class= "login_box">
    < h2> 用户登录< /h2>
    < el-form label-width= "0px" class= "login_form">
      < ! --用户名-->
      < el-form-item>
        < el-input> < /el-input>
      < /el-form-item>
      < ! --密码-->
      < el-form-item>
        < el-input> < /el-input>
      < /el-form-item>
      < ! --按钮区域-->
      < el-form-item class= "btns">
        < el-button type= "primary"> 登录< /el-button>
        < el-button type= "info"> 重置< /el-button>
      < /el-form-item>
    < /el-form>
  < /div>
< /template>
< style scoped>
  .login_form{
    position: absolute;
    bottom: 50% ;
    width: 100% ;
    padding: 0 20px;
    box-sizing: border-box;
  }
  .btns{
    display: flex;
    justify-content: center;
  }
< /style>
```

使用 type、plain、round 和 circle 属性定义 Button 的样式。项目运行如图 3-13 所示。

2. 设计输入框图标

有两种方法在输入框中设置图标，可以通过 prefix-icon 和 suffix-icon 属性在 input 组件首部和尾部增加显示图标，也可以通过 slot 插槽放置图标。参考 Element Ui 文档使用属性方法设置输入框图标。src→views→profile→Profile. vue 组件中新增代码如下：

图 3-13 项目登录界面

```
<!--用户名-->
<el-form-item>
  <el-input prefix-icon="el-icon-user-solid"></el-input>
</el-form-item>
<!--密码-->
<el-form-item>
  <el-input prefix-icon="el-icon-lock" type="password"></el-input>
</el-form-item>
```

项目运行如图 3-14 所示。

图 3-14 输入框图标效果

3. 表单数据绑定

在表单中 el-form 标记中的 model="form"表示数据绑定，用户在表单中填入的数据都会自动同步到 model 对象中，数据对象在组件行为区的 script 中定义，为每一个表单项通过 v-model 将数据对象绑定到其对应的属性中。Profile. vue 中新增代码如下：

```
    < el-form:model="loginForm" label-width= "0px" class= "login_form">
      < ! --用户名-→
      < el-form-item>
        < el-input v-model="loginForm.username" prefix-icon= "el-icon-user-solid">
        < /el-input>
      < /el-form-item>
      < ! --密码-→
      < el-form-item>
        < el-input v-model =" loginForm. password" prefix-icon = "el-icon-lock" type
= "password">
        < /el-input>
    < /el-form-item>
      < ! --按钮区域-→
      < el-form-item class= "btns">
        < el-button type= "primary"> 登录< /el-button>
        < el-button type= "info"> 重置< /el-button>
      < /el-form-item>
    < /el-form>

    < script>
      export default {
        name: "Profile",
        data() {
          return{
            //这是登录表单的数据绑定对象
            loginForm:{
              username: Tom',
              password: 123456'
            }
          }
        }
      }
    < /script>
```

运行效果如图 3-15 所示。

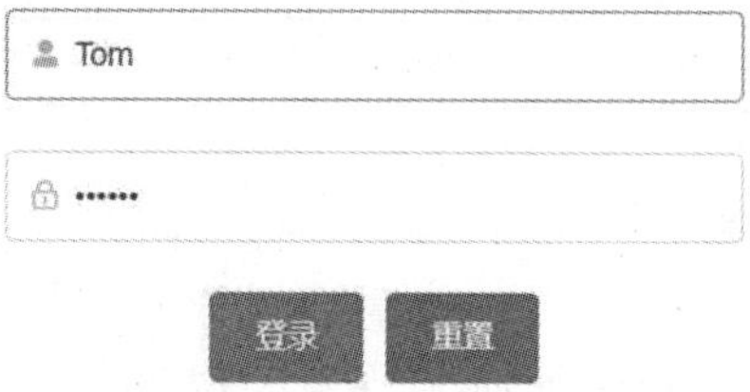

图 3-15 表单数据绑定效果

4. 表单验证设计

表单验证是在防止用户犯错的前提下，尽可能让用户较早地发现并纠正错误。Form 组件提供了表单验证的功能，只需要通过 rules 属性传入约定的验证规则，并将 Form-Item 的 prop 属性设置为需校验的字段名即可。

设计表单验证的方法：首先为 el-form 通过属性绑定指定一个 rules 校验对象，在 data() 中定义校验对象，其中每一个属性都是一个验证规则，最后为不同的表单 Item 项通过 prop 指定不同的验证规则进行表单的验证。Profile. vue 中新增代码如下：

```
    < el-form :model= "loginForm" :rules="loginFormRules" label-width= "0px"
    class= "login_form">
      < ! --用户名-->
      < el-form-item prop="username">
        < el-input v-model= "loginForm.username" prefix-icon= "el-icon-user-solid"
> < /el-input>
      < /el-form-item>
      < ! --密码-->
      < el-form-item prop="password">
        < el-input v-model= "loginForm.password" prefix-icon= "el-icon-lock" type
= "password">
        < /el-input>
      < /el-form-item>
    < /el-form>

    data() {
          return{
            //这是登录表单的数据绑定对象
            loginForm:{
              username: Tom',
              password: 123456'
            },
            //这是表单的验证规则对象
            loginFormRules:{
              //验证用户名是否合法
              username:[
                { required: true, message: 请输入登录用户名', trigger: blur' },
                { min: 3, max: 10, message: 长度在 3 到 10 个字符', trigger: blur' }
              ],
              //验证密码是否合法
              password:[
                { required: true, message: 请输入登录密码', trigger: blur' },
```

```
            { min: 6, max: 15, message: 长度在 6 到 15 个字符', trigger: blur' }
          ]
        }
      }
    }
```

5. 重置表单

Element Ui 的 Form 组件提供了一些方法，其中 resetFields 方法可以对整个表单进行重置，将所有字段值重置为初始值并移除校验结果。重置表单验证结果，为重置按钮绑定事件"resetLoginForm"，Profile. vue 中新增代码如下：

```
  < el-form ref ="loginFormRef" :model= "loginForm" :rules= "loginFormRules"
label-width= "0px"
  class= "login_form">
      < ! --用户名-->
      < el-form-item prop= "username">
        < el-input v-model = "loginForm.username" prefix-icon = "el-icon-user-
solid"> < /el-input>
      < /el-form-item>
      < ! --密码-->
      < el-form-item prop= "password">
        < el-input v-model = "loginForm.password" prefix-icon = "el-icon-lock"
type= "password"> < /el-input>
      < /el-form-item>
      < ! --按钮区域-->
      < el-form-item class= "btns">
        < el-button type= "primary"> 登录< /el-button>
        < el-button type= "info"@click ="resetLoginForm"> 重置< /el-button>
      < /el-form-item>
  < /el-form>

  methods:{
        //重置按钮，重置登录表单
        resetLoginForm() {
          this.$refs.loginFormRef.resetFields();
        }
  }
```

6. 预验证登录组件

Element Ui 的 Form 组件提供的 validate 方法是对整个表单进行校验的方法，参数为一个回调函数。该回调函数会在校验结束后被调用，并传入两个参数：是否校验成功和未通过校验的字段。若不传入回调函数，则会返回一个 promise，参数如下：

```
Function(callback: Function(boolean, object))
```

为登录按钮绑定事件"login",Profile.vue 中新增代码如下：

```
< el-form-item class= "btns">
    < el-button type= "primary" @click="login"> 登录< /el-button>
    < el-button type= "info" @ click= "resetLoginForm"> 重置< /el-button>
< /el-form-item>
```

使用 validate 方法对整个表单进行校验,弹出提示消息的方法为 Element Ui 组件提供的 Message 消息提示,常用于主动操作后的反馈提示。Element 注册了一个 $ message 方法。Message 可以接收一个字符串或一个 VNode 作为参数,它会被显示为正文内容。

若用户名和密码与数据库中的一致,登录成功后跳转到主页即 home 页面,将 token 保存在 sessionStorage(回话存储对象)中。token 只在当前网站打开期间生效。通过 token 可以验证用户身份,判断用户是否可以访问除登录之外的其他 API 接口,因此需将 token 保存到客户端中。一般过程如下:使用用户名和密码请求服务器→服务器验证用户信息→服务器通过验证发送一个 token 给用户→客户端存储 token,并在每次请求时发送这个 token 值→服务端验证 token 值,并返回数据。登录的 token 值可以在浏览器的 Application 下查看,如图 3-16 所示。

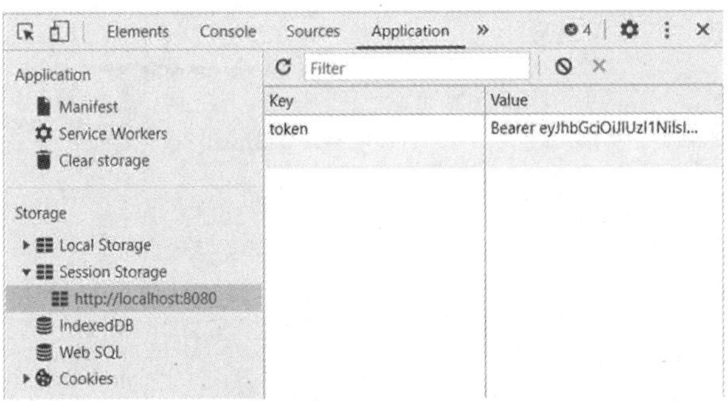

图 3-16　登录的 token 值

Profile.vue 中新增代码如下：

```
methods:{
    //重置按钮,重置登录表单
    resetLoginForm() {
      this.$ refs.loginFormRef.resetFields();
    },
    login() {
      this.$refs.loginFormRef.validate(async valid =>{
        if (! valid) return;
        const {data:res}=await this.$http.post("login", this.loginForm);
        if (res.meta.status! ==200) return this.$message.error("登录失败");
        this.$message.success("登录成功");
```

```
            window.sessionStorage.setItem("token",res.data.token);
            this.$ router.push("/home");
          });
        }
      }
```

同时在 src→main. js 中配置网络请求 axios,使用 baseURL 配置网络请求的根路径,项目运行之前确定已经启动 MySQL 数据库以及后台项目 vue-server。src→main. js 中新增网络请求配置的代码如下:

```
import axios from 'axios'
//配置请求的根路径
axios.defaults.baseURL= 'http://127.0.0.1:8888/api/private/v1/'
Vue.prototype.$ http= axios
```

项目运行后,若用户名和密码与数据库中的一致,则弹出"登录成功"消息提示,否则显示"登录失败",如图 3-17 所示。

图 3-17 登录成功、登录失败的消息提示

7. 退出登录

使用 clear 方法清空本地的 token 即可实现基于 token 方式的退出。若需要访问页面,必须重新登录生成一个新的 token,并重新跳转到登录页面。主页退出按钮的代码如下:

```
methods:{
  logout(){
    window.sessionStorage.clear()
    this.$ router.push('./profile')
  }
}
```

第4章

项目主体页面布局设计

4.1 使用 Vue UI 创建项目

创建 Vue 前端工程的另外一种方便有效的方法是使用 Vue UI 图形化可视管理的 Vue 项目管理器,可以运行项目、打包项目、检查项目等。确定已安装如下前置环境:Node.js、Vue-CLI 和 WebStorm。使用 Vue UI 创建项目的步骤如下:

1. 安装最新的 Vue CLI

安装命令如下:

```
npm install -g @ vue/cli
```

2. 查看版本

安装成功后,可用 vue -V 命令查看已安装的 Vue CLI 版本。

例如,本书安装的 Vue CLI 版本为@vue/cli 4.5.10。

3. 开启 Vue UI 服务

使用快捷键 Windows+R 打开 cmd 并输入命令 vue ui,即可在浏览器中打开 Vue 项目管理器,如图 4-1 所示。

图 4-1　Vue 项目管理器

4. 创建项目

单击"创建"按钮,选择要创建的项目目录,点击"在此创建新项目"按钮,输入项目名称"vue_hyit",包管理器选择"npm",Git 命令填写 init project,点击"下一步"按钮,如图 4-2 所示。

图 4-2　创建项目详情页面

在“预设”面板中选择“手动配置项目”，之后进入“功能”面板，如图4-3所示，选中其中项目必需的三项：Babel、Router和使用配置文件。若在项目开发过程中需要安装其他项，可以通过安装插件方法增加。“配置”面板中的设置为默认选项。

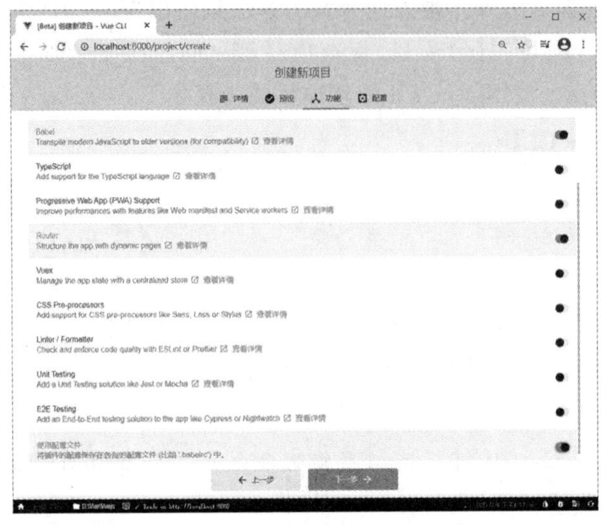

图4-3　配置“功能”面板

5. 添加Element Ui插件

项目创建成功之后，选中左侧导航栏的“插件”选项卡，单击右上角的“添加插件”，如图4-4所示，选择“vue-cli-plugin-element”插件，单击右下角的“安装vue-cli-plugin-element”按钮。

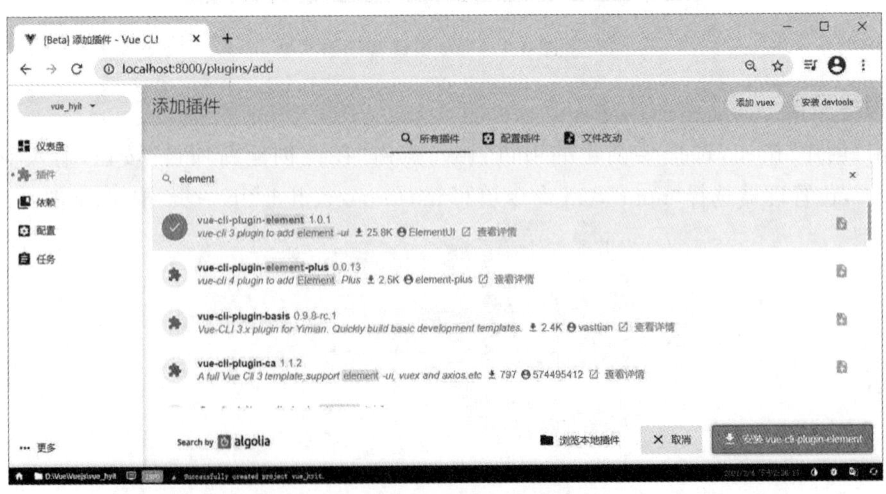

图4-4　添加插件

插件Element Ui安装成功之后，按默认方式进行配置即可。在项目的src→plugins→element.js文件中自动添加的代码如下，可以自动导入安装的element插件。

```
import Vue from 'vue'
import Element from 'element-ui'
```

```
import 'element-ui/lib/theme-chalk/index.css'
Vue.use(Element)
```

6. 安装网络模块 axios

选中左侧导航栏的“依赖”选项卡，单击右上角的“安装依赖”，在运行依赖中查找到 axios 最新版本“axios 0.21.1”，单击右下角的“安装 axios”按钮，如图 4-5 所示。

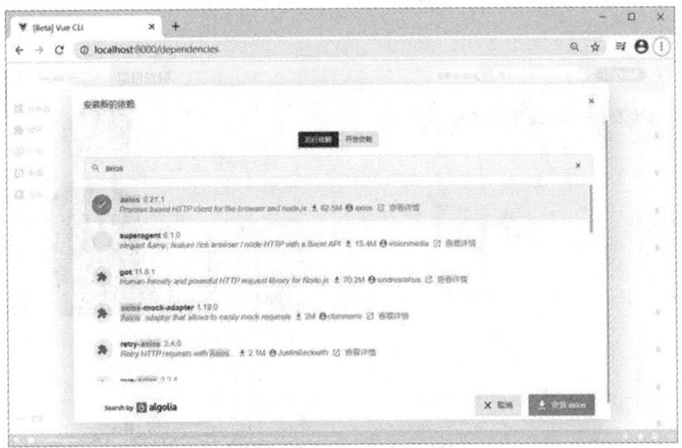

图 4-5　安装 axios 依赖

项目成功创建后，在 src→components 路径下分别添加主页组件 Home. vue 和登录组件 Login. vue，在 src→assets 路径下分别添加 css 和 img 文件夹，用于存放样式文件和图片。项目目录如图 4-6 所示。

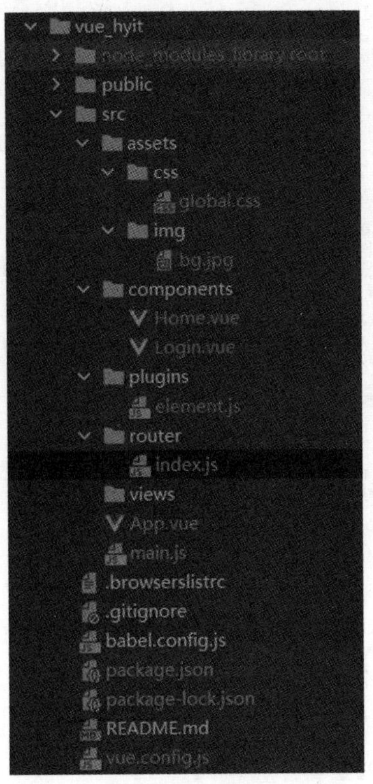

图 4-6　项目目录

4.2 项目后台登录页面布局

后台登录效果如图 4-7 所示。

图 4-7 登录效果图

1. 配置项目入口文件 main.js

```
import Vue from 'vue'
import App from './App.vue'
import router from'./router'
import './plugins/element.js'
import '@/assets/css/global.css'  //导入全局样式文件
import axios from 'axios'          //导入网络请求
//把包 axios 挂载到 Vue 的原型对象上，这样每个 Vue 组件都可以通过 this 直接访问到 $ http，从而发起网络请求
Vue.prototype.$ http=axios
//配置本地网络请求的根路径
axios.defaults.baseURL=http://127.0.0.1:8888/api/private/v1/'
Vue.config.productionTip = false
new Vue({
  router,
  render: h = >  h(App)
}).$ mount('# app')
```

2. 配置网络请求

在 src→router→index.js 中配置项目内页面跳转的路由，当前只配置登录页与主页之间的路由关系。index.js 中的代码如下：

```
import Vue from 'vue'
import VueRouter from'vue-router'
```

登录组件

```
import Login from '@/components/Login.vue'
import Home from '@/components/Home.vue'

Vue.use(VueRouter)

const routes = [
  {
    path: '/',
    redirect: '/login'
  },
  {
    path: '/login',
    component:Login
  },
  {
    path: '/home',
    component:Home
  }
]

const router = new VueRouter({
  routes
})

export default router
```

3. 设计登录组件

应用表单数据对象属性 model="loginForm"进行表单数据的绑定，应用表单验证规则属性 rules="loginFormRules"进行表单数据的预验证；应用表单方法 resetFields 对整个表单进行重置，将所有字段值重置为初始值并移除校验结果，应用表单方法 validate 对整个表单进行校验，参数为一个回调函数。该回调函数会在校验结束后被调用，并传入两个参数：是否校验成功和未通过校验的字段。若不传入回调函数，则会返回一个 promise。登录组件 Login.vue 中的代码如下：

```
<template>
  <div class="login_container">
    <div class="login_box">
      <h1>学科专业一体化建设管理平台</h1>
        <el-form ref="loginFormRef" :model="loginForm" :rules="loginFormRules" label-width="0px" class="login_form">
```

设计登录界面

```
            < el-form-item prop= "username" class= "username">
              < el-input v-model= "loginForm.username" prefix-icon= "el-icon-user-
solid" class= "username"> < /el-input>
            < /el-form-item>
            < el-form-item prop= "password">
              < el-input v-model= "loginForm.password" prefix-icon= "el-icon-lock"
type= "password" class= "password"> < /el-input>
            < /el-form-item>
            < el-form-item class= "btns">
              < el-button type= "primary" @ click= "login" class= "login"> 登录< /
el-button>
              < el-button type= "info" @ click= "resetLoginForm" class= "reset">
重置
              < /el-button>
            < /el-form-item>
          < /el-form>
        < /div>
      < /div>
    < /template>

    < script>
    export default {
      name: "Login",
      data() {
        return{
          //这是登录表单的数据绑定对象
          loginForm:{
            username: 'Admin',
            password: '123456'
          },
          //这是表单的验证规则对象
          loginFormRules:{
            //验证用户名是否合法
            username:[
              { required: true, message: '请输入登录用户名', trigger: 'blur' },
              { min: 3, max: 10, message: '长度在 3 到 10 个字符', trigger: 'blur' }
            ],
            //验证密码是否合法
            password:[
              { required: true, message: '请输入登录密码', trigger: 'blur' },
```

```
          { min: 3, max: 15, message: '长度在 6 到 15 个字符', trigger: 'blur' }
        ]
      }
    }
  },
  methods:{
    //重置按钮,重置登录表单
    resetLoginForm() {
      this.$ refs.loginFormRef.resetFields();
    },
    login() {
    //根据对登录表单内容的预验证结果确定是否发起网络请求
      this.$ refs.loginFormRef.validate(async valid = > {
        if (! valid) return;  //校验失败,不发起网络请求
        //校验成功,发起网络请求
        const {data: res}= await this.$ http.post("login", this.loginForm);
        //if (res.meta.status! = = 200) return console.log("登录失败");
        if (res.meta.status! = = 200) return this.$ message.error("登录失败");
        //console.log("登录成功");
        this.$ message.success("登录成功,正在跳转...");
        //将登录成功后的 token 保存到客户端的 sessionStorage 中
        window.sessionStorage.setItem("token",res.data.token);
        //通过路由的设置跳转到路由地址项目主页/home
        this.$ router.push("/home");
      });
    }
  }
}
< /script>

< style scoped>
  .login_container{
    background-color: # d9edf7;
    height: 100% ;
    background-image: url("~ assets/img/bg.jpg");
    background-size: cover;
    background-position: center;
  }
  .login_box{
    width:650px;
```

```
      height: 400px;
      background-color: # d9edf7;
      border-radius: 3px;
      position: absolute;
      left: 12% ;
      top:23% ;
    }
    .btns{
      display: flex;
      justify-content: center;
    }
    .login_form{
      position: absolute;
      bottom: 100px;
      width: 100% ;
      padding: 0 20px;
      box-sizing: border-box;
    }
    .username,.password,.login,.reset{
     font-size: 20px;
    }
  < /style>
```

4. 路由导航控制访问权限

vue-router 提供的导航守卫主要用来通过跳转或取消的方式守卫导航。可以全局、单个路由独享或者组件级地植入路由导航过程中。方法 router. beforeEach()一般用于进入页面的限制，例如若没有登录系统就不能进入其他某些页面，只有登录系统之后才有权限查看某些页面，即路由拦截。如果用户没有登录，但是直接通过 URL 访问特定页面，需要重新导航到登录页面。方法 router. beforeEach()的三个参数如下：

to：将要进入的目标路由对象，这个对象中包含 name、params、meta 等属性。

from：当前导航正要离开的路由，这个对象中包含 name、params、meta 等属性。

next：执行效果依赖 next 方法的调用参数。确保 next 函数在任何给定的导航守卫中都被严格调用一次。

- next()：导航的状态就是 confirmed（确认的）。
- next(false)：中断当前的导航。如果浏览器的 URL 改变了（可能是用户手动或者浏览器后退按钮），那么 URL 地址会重置到 from 路由对应的地址。
- next('/')或者 next({ path: '/' })：跳转到一个不同的地址。当前的导航被中断，然后进行一个新的导航。可以向 next 传递任意位置对象，且允许设置诸如 replace: true、name:' home '之类的选项以及任何用在 router-link 的 to prop 或 router. push 中的选项。
- next(error)：(2.4.0+)如果传入 next 的参数是一个 Error 实例，则导航会被终止且该错误会被传递给 router. onError() 注册过的回调。

在 src→router→index. js 中添加路由导航守卫,若没有登录系统,token 值为空时用户无法访问除登录页面之外的页面,代码如下:

```
//挂载路由导航守卫
router.beforeEach((to, from, next) = > {
  // to 将要访问的路径
  // from 代表从哪个路径跳转而来
  // next 是一个函数,表示放行
  // next()放行    next('/login')  表示强制跳转
  if (to.path = = = '/login') return next()
  consttokenStr = window.sessionStorage.getItem('token')
  // getItem 获取 token
  if (! tokenStr) return next('/login')
  next()
})
export default router
```

登录成功后首页如图 4-8 所示,在 Application 中可以查看保存的 token 值。

图 4-8　登录成功后的首页

5. 实现退出系统功能

基于 token 的方式实现系统退出比较简单,应用 clear()方法销毁本地 token 即可。这样,后续的请求就不会携带 token,必须重新登录生成一个新的 token 之后才可以访问页面。在系统首页 Home. vue 组件中新增退出按钮以实现系统退出,代码如下:

```
< template>
  < div>
    Home
    < el-button type= "info" @ click= "logout"> 退出< /el-button>
```

设计登录页面跳转到主界面

```
< /div>
< /template>

< script>
  export default {
  name: "Home",
    methods: {
      logout() {
        window.sessionStorage.clear()
        this.$ router.push('/login')
      }
    }
  }
< /script>
```

4.3 项目后台主页布局

4.3.1 后台主页整体布局

在 Element Ui 中的 Container 布局容器提供的页面主体布局样例中选择一种布局方式。在首页 Home. vue 中添加页面布局代码：

```
< template>
    < el-container>
      < ! --页面头部区域-→
      < el-header> Header
        < el-button type= "info" @ click= "logout"> 退出< /el-button>
      < /el-header>
      < ! --页面主体区域-→
      < el-container>
        < ! --侧边栏-→
    < el-aside width= "200px"> Aside< /el-aside>
    < ! --页面右侧主体内容-→
    < el-container>
    < el-main> Main< /el-main>
      < /el-container>
    < /el-container>
    < ! --页面底部区域-→
    < el-footer> Footer< /el-footer>
  < /el-container>
```

设计Main
主界面
结构

```
< /template>
```

为了便于在界面设计过程中观察页面中每部分的布局，暂时为页面中每个区域设置背景色，如图 4-9 所示。在系统首页 src→components→Home. vue 组件中的布局代码如下：

```
< template>
  < el-container>
    < ! --页面头部区域-->
    < el-header> Header
      < el-button type= "info" @ click= "logout"> 退出< /el-button>
    < /el-header>
    < ! --页面主体区域-->
    < el-container>
      < ! --侧边栏-->
      < el-aside width= "200px"> Aside< /el-aside>
      < ! --页面右侧主体内容-->
      < el-container>
        < el-main> Main< /el-main>
      < /el-container>
    < /el-container>
    < ! --页面底部区域-->
    < el-footer> Footer< /el-footer>
  < /el-container>
< /template>

< style scoped>
  .el-header{background-color: # 1e9fff;}
  .el-aside{background-color: # 5fb878;}
  .el-main{background-color: # dee1e6;}
  .el-footer{background-color: # 44495d;}
< /style>
```

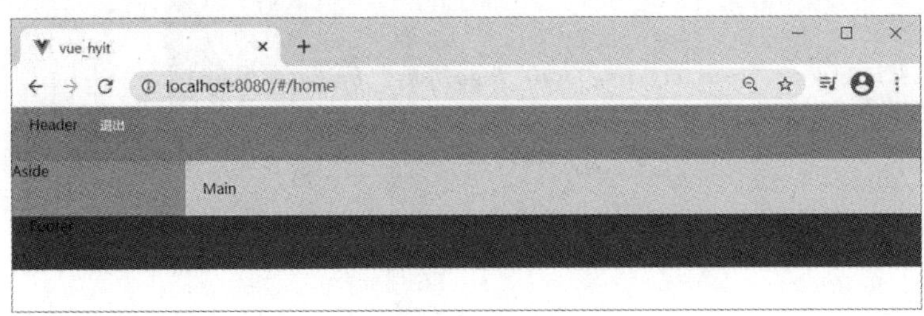

图 4-9　系统首页布局

通过浏览器的 Elements 选项卡，可以查看到类 el-container 的高度没有设置高度全屏，因此设置最外层的 el-container 高度为 100%，设置后的系统首页布局如图 4-10 所示。

```
<template>
  <el-container class="home-container">
    <!--页面头部区域-->
    ...
  </el-container>
</template>

<style scoped>
    .home-container{height: 100%;}
    ...
</style>
```

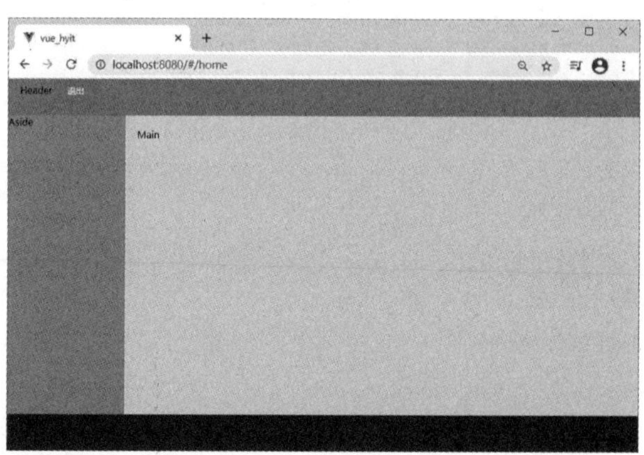

图 4-10 系统首页布局(设置高度)

4.3.2 系统首页 header 部分布局

系统首页 header 部分布局主要涉及样式设计，在系统首页 src→components→Home.vue 组件中页面头部区域的布局代码如下：

```
<!--页面头部区域-->
  <el-header>
    <div>
      <img src="~assets/img/hyit_logo.png" height="95px">
      <span>学科专业一体化建设管理平台</span>
    </div>
    <el-button type= "info" @ click= "logout">退出</el-button>
  </el-header>

<style scoped>
  .home-container{height: 100% ;}
```

设计Main主界面结构之高度设置

```
.el-header{
  background-color: #1e9fff;
  display: flex;
  justify-content: space-between;
  align-items: center;
  color: #fff;
  font-size: 40px;
  height: 100px ! important;
}
.el-header div
{
  display: flex;
  align-items: center;
}
.el-header div span
{
  margin-left: 20px;
}
.el-aside{background-color: # 5fb878;}
.el-main{background-color: # dee1e6;}
.el-footer{background-color: # 44495d;}
</style>
```

系统首页 header 部分布局如图 4-11 所示。

图 4-11　系统首页 header 部分布局

4.3.3　首页左侧 Aside 菜单栏布局

1. 左侧导航栏布局

Element Ui 为网站提供了有导航功能的菜单：NavMenu 导航菜单。使用 el-menu-item-group 组件可以对菜单进行分组，分组名可以通过 title 属性直接设定，也可以通过具名 slot 设定。应用 Element Ui 提供的自定义颜色模板设计系统首页左侧导航栏，由于导航数据需要从后台获取，因此只设计一个一级菜单和一个二级菜单。Home. vue 组件侧边栏部分设计如下：

```
<!--侧边栏-->
      <el-aside width="200px">
        <el-menu
            background-color="#545c64"
            text-color="#fff"
            active-text-color="#ffd04b">
            <!--一级菜单-->
            <el-submenu index="1">
              <template slot="title">
                <i class="el-icon-location"></i>
                <span>一级菜单</span>
              </template>
              <!--二级菜单-->
              <el-menu-item index="1-4">
                <template slot="title">
                  <i class="el-icon-location"></i>
                  <span>二级菜单</span>
                </template>
              </el-menu-item>
            </el-submenu>
          </el-menu>
        </el-aside>
```

导航栏设计页面效果如图 4-12 所示。

图 4-12　导航栏设计页面

2. 通过接口获取菜单数据

在项目入口文件 main. js 中通过 axios 请求拦截器添加 token，保证拥有获取数据的权限。在文件 main. js 中添加如下代码：

```
// axios 请求拦截
axios.interceptors.request.use(config = >  {
  //为请求头对象，添加 token 验证的 Authorization 字段
  config.headers.Authorization = window.sessionStorage.getItem('token')
  return config
})
```

3. 发起网络请求获取菜单数据

在 Home. vue 组件中通过 v-for 双层循环分别进行一级菜单和二级菜单的渲染，通过路由相关属性启用菜单的路由功能。Home. vue 中新增代码如下：

```
< script>
  export default {
  name: "Home",
  data() {
      return {
        //左侧菜单数据
        menulist：[]
      }
    },
    created() {
      this.getMenuList()
    },
    methods: {
      logout() {
        window.sessionStorage.clear()
        this.$ router.push('/login')
      },
      // 获取所有的菜单
        async getMenuList() {
        const { data：res } =await this. $ http. get(menus')
        if (res. meta. status ！ ==200) return this. $ message. error(res. meta. msg)
        this. menulist =res. data
        console. log(res)
      }
    }
  }
< /script>
```

设计用户管理子菜单1

其中：NavMenu 组件的 Menu 属性 unique-opened 可以设置是否只保持一个子菜单的展开；属性 router 用于开启菜单的路由链接，即是否使用 vue-router 的模式，启用该模式会在激活导航时以 index 作为 path 进行路由跳转。

```
< el-aside width= "200px">
        < el-menu
        background-color= "# 545c64"
        text-color= "# fff"
        active-text-color= "# ffd04b" unique-opened router>
    < ! --一级菜单-->
    < el-submenu :index="item.id + ''" v-for="item in menulist" :key="item.id">
        < template slot= "title">
            < i class= "el-icon-user-solid"> < /i>
            < span> {{item.authName}}< /span>
        < /template>
        < ! --二级菜单-->
        < el-menu-item :index="'/' + subItem.path" v-for="subItem in item.children" :key
="subItem.id">
            < template slot= "title">
                < i class= "el-icon-menu"> < /i>
                < span> {{subItem.authName}}< /span>
            < /template>
        < /el-menu-item>
    < /el-submenu>
  < /el-menu>
< /el-aside>
```

左侧导航栏页面如图 4-13 所示。

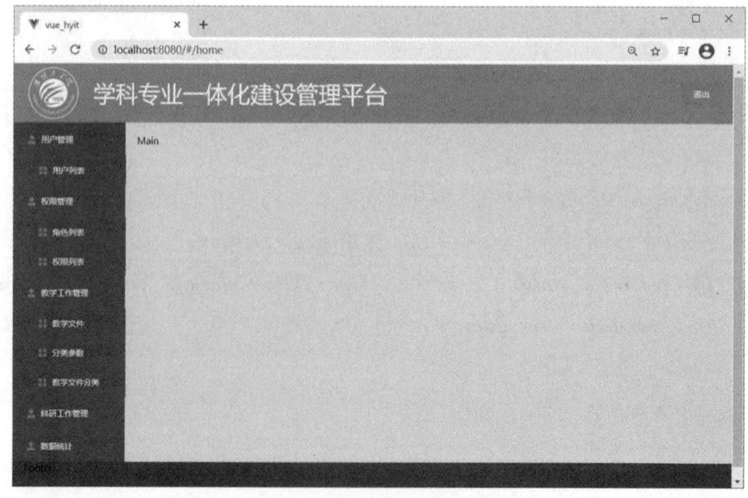

图 4-13　左侧导航栏页面

设置.el-menu 右侧边框值为 none,消除左侧导航栏边框参差不齐的情况。

```
.el-menu{
    border-right: none;
}
```

4.3.4 用户列表管理设计

1.路由设置

新建组件 src→components→user→Users.vue 用于用户管理,在路由配置文件 src→router→index.js 中设置 home 子页面的路由信息。

```
import Vue from 'vue'
import VueRouter from 'vue-router'
import Login from '@ /components/Login.vue'
import Home from '@ /components/Home.vue'
import Users from'@/components/user/Users.vue'

Vue.use(VueRouter)

const routes = [
  {
    path: '/',
    redirect: '/login'
  },
  {
    path: '/login',
    component:Login
  },
  {
    path: '/home',
    component: Home,
    redirect: '/users',
    children: [
        { path: '/users', component: Users }
        ]
  }
]
```

在 src→components→Home.vue 组件中增加路由占位符,从而显示用户管理组件,如图 4-14 所示。

设计用户管理子菜单2

```
    < ! --页面右侧主体内容-->
      < el-container>
        < el-main>
          < router-view> < /router-view>
        < /el-main>
      < /el-container>
```

```
D:\Vue\myproject>git push -u origin master
info: please complete authentication in your browser...

9: Git    TODO    6: Problems    Terminal
```

图 4-14　用户管理页面

2. 用户管理页面导航设计

Element Ui 提供的 Breadcrumb 面包屑组件显示当前页面的路径，快速返回之前的任意页面。通过设置 separator-class 可使用相应的 iconfont 作为分隔符，注意这将使 separator 设置失效。在组件 src→components→user→Users. vue 中添加面包屑组件代码：

```
< div>
  < el-breadcrumb separator-class= "el-icon-arrow-right">
    < el-breadcrumb-item :to= "{ path: '/home' }"> 首页< /el-breadcrumb-item>
    < el-breadcrumb-item> 用户管理< /el-breadcrumb-item>
    < el-breadcrumb-item> 用户列表< /el-breadcrumb-item>
  < /el-breadcrumb>
< /div>
```

3. 用户列表设计

Element Ui 提供的 Card 卡片组件，可以将用户列表信息聚合在卡片容器中展示。应用<el-row>组件布局用户列表内的布局，Row 组件提供 gutter 属性指定栏与栏之间的间隔，默认间隔为 0。

Table 表格用于展示多条结构类似的数据，可对数据进行排序、筛选、对比或其他自定义操作，这里用于显示用户列表组件。当 el-table 元素中注入 data 对象数组后，在 el-table-column 中用 prop 属性来对应对象中的键名即可填入数据，用 label 属性来定义表格的列名，使用 width 属性定义列宽。

应用 Switch 开关组件设计用户状态。Switch 开关表示两种相互对立的状态间的切换，一般用于触发状态的开和关。绑定 v-model 到一个 Boolean 类型的变量。可以使用 active-color 属性与 inactive-color 属性来设置开关的背景色。

Pagination 分页组件用于当数据量过多时，使用分页分解数据。设置 layout，表示需要显示的内容，用逗号分隔，布局元素会依次显示。prev 表示上一页，next 为下一页，pager 表示页码列表。除此以外，还提供了 jumper、total、size 和特殊的布局符号→。jumper 表示跳页元素，total 表示总条目数，size 用于设置每页显示的页码数量，→后的元素会靠右显示。size-change 和 current-change 事件用于处理页码大小和当前页变动时候触发的事件。page-

设计用户管理子菜单3面包屑组件

sizes 接收一个整型数组，数组元素为展示的选择每页项目显示个数的选项，如[100，200，300，400]表示四个选项，每页显示 100 个、200 个、300 个或者 400 个。

4. 弹出对话框设计

Element Ui 提供的 Dialog 对话框，在保留当前页面状态的情况下，告知用户并承载相关操作。Dialog 弹出一个对话框，适合需要定制性较大的场景。Dialog 组件的内容可以是任意的，可以是表格或表单。before-close 仅当用户通过点击关闭图标或遮罩关闭 Dialog 时起效。如果在 footer 具名 slot 里添加了用于关闭 Dialog 的按钮，那么可以在按钮的点击回调函数里加入 before-close 的相关逻辑。Dialog 对话框的 visible 属性用于设置是否显示 Dialog，支持. sync 修饰符。

在组件 src→components→user→Users. vue 中添加用户列表布局代码：

```
    < el-card>
        < ! --搜索与添加区域 -->
        < el-row :gutter= "20">
            < el-col :span= "8">
            //使用 clearable 属性可以设置为一个可清空的输入框
            //在点击由 clearable 属性生成的清空按钮时触发 clear 事件
                < el-input placeholder = " 请 输 入 内 容 " v-model = " queryInfo.
query" clearable
                @ clear= "getUserList">
                    < el-button slot = " append" icon = " el-icon-search" @ click = "
getUserList">
                < /el-button>
            < /el-input>
          < /el-col>
          < el-col :span= "4">
              < el-button type= "primary" @ click= "addDialogVisible = true"> 添加
用户
              < /el-button>
          < /el-col>
        < /el-row>
          < ! --用户列表区域 -->
          < el-table :data= "userlist" border stripe>
          < el-table-column type= "index"> < /el-table-column> //添加索引列
          < el-table-column label= "姓名" prop= "username"> < /el-table-column>
          < el-table-column label= "邮箱" prop= "email"> < /el-table-column>
          < el-table-column label= "电话" prop= "mobile"> < /el-table-column>
          < el-table-column label= "角色" prop= "role_name"> < /el-table-column>
          < el-table-column label= "状态">   //设计状态列
            < template slot-scope= "scope">
```

设计用户管理子菜单4表格组件

```
            < el-switch v-model= "scope.row.mg_state"
            @ change= "userStateChanged(scope.row)">
          < /el-switch>
        < /template>
      < /el-table-column>
      < el-table-column label= "操作" width= "180px">
        < template slot-scope= "scope">
              < ! --修改按钮 -->
              < el-button type= "primary" icon= "el-icon-edit" size= "mini"> < /
el-button>
              < ! --删除按钮 -->
              < el-button type= "danger" icon= "el-icon-delete" size= "mini"> < /
el-button>
              < ! --分配角色按钮 -->
              < el-tooltip effect= "dark" content= "分配角色"
                placement= "top" :enterable= "false">
              < el-button type= "warning" icon= "el-icon-setting" size= "mini">
< /el-button>
            < /el-tooltip>
          < /template>
        < /el-table-column>
      < /el-table>
      < ! --分页区域 -->
      < el-pagination @ size-change= "handleSizeChange"
    @ current-change= "handleCurrentChange" :current-page= "queryInfo.pagenum"
    :page-sizes= "[1, 2, 5, 10]" :page-size= "queryInfo.pagesize"
    layout= "total, sizes, prev, pager, next, jumper" :total= "total">
      < /el-pagination>
    < /el-card>

    < ! --添加用户的对话框 -->
      < el-dialog title= "添加用户" :visible.sync= "addDialogVisible" width= "
50% " @ close= "addDialogClosed">
      < ! --内容主体区域 -->
      < el-form :model= "addForm" :rules= "addFormRules" ref= "addFormRef"
label-width= "70px">
        < el-form-item label= "用户名" prop= "username">
          < el-input v-model= "addForm.username"> < /el-input>
        < /el-form-item>
        < el-form-item label= "密码" prop= "password">
```

```
        < el-input v-model= "addForm.password"> < /el-input>
      < /el-form-item>
      < el-form-item label= "邮箱" prop= "email">
        < el-input v-model= "addForm.email"> < /el-input>
      < /el-form-item>
      < el-form-item label= "手机" prop= "mobile">
        < el-input v-model= "addForm.mobile"> < /el-input>
      < /el-form-item>
    < /el-form>
    < ! --对话框的底部区域 -->
    < span slot= "footer" class= "dialog-footer">
      < el-button @ click= "addDialogVisible = false"> 取 消< /el-button>
      < el-button type= "primary" @ click= "addUser"> 确 定< /el-button>
    < /span>
  < /el-dialog>
```

若组件中绑定的事件有传入事件名称字符串/字符串参数,这里用反单引号。模板字符串(template string),是增强版的字符串,用反引号(')标识。它可以当作普通字符串使用,也可以用来定义多行字符串,或者在字符串中嵌入变量。

```
export default {
  name: "Users",
  data() {
    //验证邮箱的规则
    varcheckEmail = (rule, value, cb) = > {
      //验证邮箱的正则表达式
      constregEmail = /^([a-zA-Z0-9_-])+ @ ([a-zA-Z0-9_-])+ (\.[a-zA-Z0-9_-])+ /
      if (regEmail.test(value)) {
        //合法的邮箱
        return cb()
      }
      cb(new Error('请输入合法的邮箱'))
    }
    //验证手机号的规则
    varcheckMobile = (rule, value, cb) = > {
      //验证手机号的正则表达式
      constregMobile =
       /^(0|86|17951)?(13[0-9]|15[012356789]|17[678]|18[0-9]|14[57])[0-9]{8}$ /
      if (regMobile.test(value)) {
        return cb()
      }
```

```
          cb(new Error('请输入合法的手机号'))
        }
        return {
          //获取用户列表的参数对象
          queryInfo: {
            query: '',
            //当前的页数
            pagenum: 1,
            //当前每页显示多少条数据
            pagesize: 2
          },
          userlist: [],
          total: 0,
          //控制添加用户对话框的显示与隐藏
          addDialogVisible: false,
          //添加用户的表单数据
          addForm: {
            username: '',
            password: '',
            email: '',
            mobile: ''
          },
          //添加表单的验证规则对象
          addFormRules: {
            username: [
              { required: true, message: '请输入用户名', trigger: 'blur' },
              {
                min: 3,
                max: 10,
                message: '用户名的长度在 3~ 10 个字符之间',
                trigger: 'blur'
              }
            ],
            password: [
              { required: true, message: '请输入密码', trigger: 'blur' },
              {
                min: 6,
                max: 15,
                message: '用户名的长度在 6~ 15 个字符之间',
                trigger: 'blur'
```

```
          }
        ],
        email: [
          { required: true, message: '请输入邮箱', trigger: 'blur' },
          {validator: checkEmail, trigger: 'blur' }
        ],
        mobile: [
          { required: true, message: '请输入手机号', trigger: 'blur' },
          {validator: checkMobile, trigger: 'blur' }
        ]
      }
    }
  },
  created() {   //获取用户列表
    this.getUserList()
  },
  methods: {
    async getUserList() {
      const { data: res } = await this.$ http.get('users', {
        params: this.queryInfo
      })
      if (res.meta.status ! = = 200) {
        return this.$ message.error('获取用户列表失败！')
      }
      this.userlist = res.data.users
      this.total = res.data.total
      console.log(res)
    },
    //监听 pagesize 改变的事件
    handleSizeChange(newSize) {
      // console.log(newSize)
      this.queryInfo.pagesize = newSize
      this.getUserList()
    },
    //监听页码值改变的事件
      handleCurrentChange(newPage) {
      console.log(newPage)
      this.queryInfo.pagenum = newPage
      this.getUserList()
```

```
    },
    //监听 switch 开关状态的改变
    async userStateChanged(userinfo) {
      console.log(userinfo)
      const { data: res } = await this.$ http.put(
          `users/$ {userinfo.id}/state/$ {userinfo.mg_state}`
      )
      if (res.meta.status ! = = 200) {
        userinfo.mg_state = ! userinfo.mg_state
        return this.$ message.error('更新用户状态失败! ')
      }
      this.$ message.success('更新用户状态成功! ')
    },
    //监听添加用户对话框的关闭事件
    addDialogClosed() {
      this.$ refs.addFormRef.resetFields()
    },
    //点击按钮,添加新用户
    addUser() {
      this.$ refs.addFormRef.validate(async valid = >  {
        if (! valid) return
        //可以发起添加用户的网络请求
        const { data: res } = await this.$ http.post('users', this.addForm)
        if (res.meta.status ! = = 201) {
          this.$ message.error('添加用户失败! ')
        }
        this.$ message.success('添加用户成功! ')
        //隐藏添加用户的对话框
        this.addDialogVisible = false
        //重新获取用户列表数据
        this.getUserList()
      })
    }
  }
}
```

用户管理页面如图 4-15 所示。

图 4-15　用户管理页面

最后，可以将 header 右侧的“退出”按钮改为用户的弹出式菜单形式的系统管理，其中的弹出式菜单使用 Element Ui 组件中的 Dropdown 下拉菜单组件，弹出式子菜单左侧使用图标组件，代码如下：

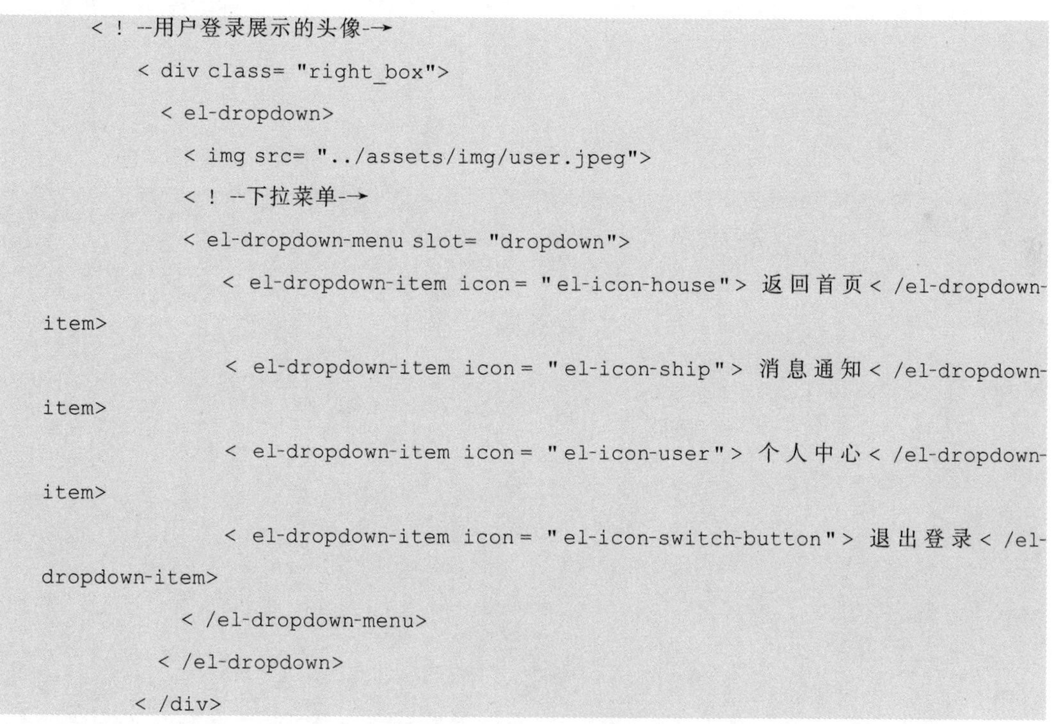

```
    <!--用户登录展示的头像-->
      <div class= "right_box">
        <el-dropdown>
          <img src= "../assets/img/user.jpeg">
          <!--下拉菜单-->
          <el-dropdown-menu slot= "dropdown">
              <el-dropdown-item icon= "el-icon-house">返回首页</el-dropdown-item>
              <el-dropdown-item icon= "el-icon-ship">消息通知</el-dropdown-item>
              <el-dropdown-item icon= "el-icon-user">个人中心</el-dropdown-item>
              <el-dropdown-item icon= "el-icon-switch-button">退出登录</el-dropdown-item>
          </el-dropdown-menu>
        </el-dropdown>
      </div>
```

系统首页 header 部分弹出式菜单布局如图 4-16 所示。

图 4-16　系统首页 header 部分弹出式菜单布局

第5章

后台项目搭建

5.1 创建后台项目

近年来 Spring Boot 成为 Java Web 开发的主框架。Spring Boot 框架本身并不提供 Spring 框架的核心特性以及扩展功能，只是用于快速、敏捷地开发新一代基于 Spring 框架的应用，并且在开发过程中大量使用“约定优先配置”(convention over configuration)的思想来摆脱 Spring 框架中各种复杂的手动配置，同时衍生出了 Java Config(取代传统 XML 配置文件的 Java 配置类)这种优秀的配置方式。也就是说，Spring Boot 并不是替代 Spring 框架的解决方案，而是和 Spring 框架紧密结合用于提升 Spring 开发者体验的工具，同时 Spring Boot 还集成了大量常用的第三方库配置(例如 Jackson、JDBC、Redis、Mail 等)。使用 Spring Boot 开发程序时，几乎是开箱即用(out-of-the-box)，大部分的 Spring Boot 应用都只需少量的配置，这一特性更能促使开发者专注于业务逻辑的实现。

另外，随着近几年微服务开发的火爆，怎样快速、简便地构建一个准生产环境的 Spring 应用也是摆在开发者面前的一个难题，而 Spring Boot 框架的出现恰好完美地解决了这个问题，同时内部还简化了许多常用的第三方库配置，使得微服务开发更加便利。

Spring Boot 的优点主要有：可以快速构建项目；对主流开发框架的无配置集成；项目可独立运行；无须外部依赖 Servlet 容器；提供运行时的应用监控；提高了开发、部署效率，特别适合构建微服务系统；与云计算的天然集成；Spring Boot 封装了各种经常使用的套件，比如 MyBatis、Hibernate、Redis、MongoDB 等。

总体来说，Spring Boot 其实是对 Spring Framework 做的二次封装，以便简化开发，使程序员将更多的精力和时间放到业务上去，规避了烦琐的配置操作，从而减少了遭遇 bug 的数量。而对于运维人员来说，每种服务的维护均可以采用简单的脚本来进行优雅的维护。Spring Boot 极大地降低了开发和运维的复杂度。

因此，本项目应用 IntelliJ IDEA 创建后台项目，以 Spring Boot 作为框架基础，数据层使用 MyBatis 或者 MyBatis Plus。

(1)安装带有 Spring Boot 框架的 IntelliJ IDEA 软件。

(2)打开 IntelliJ IDEA，单击菜单“File”→“New”→“Module”，弹出窗口如图 5-1 所示，选择“Spring Initializr”，输入图 5-1 所示的各类信息(项目名、项目路径、包名、SDK 等)。

其中：“Server URL”默认为“https://start. spring. io/”，但是由于网络问题，创建项目经常出错或者速度很慢，因此将其更换为“http://start. aliyun. com”；Java 版本选择下拉菜单中的“8”。

(3)单击“Next”后进入选择依赖项界面，如图 5-2 所示，分别选中依赖，其他为默认选项即可创建一个新项目。

(4)项目创建后，若本地没有安装 Maven，项目将提示出错，因此需确认本地已经安装 Maven。Maven 是 Apache 下的一个纯 Java 开发的开源项目，它是一个项目管理工具，使用 Maven 对 Java 项目进行构建、依赖管理。Maven 就是一款帮助程序员构建项目的工具，我们只需要告诉 Maven 我们需要哪些 Jar 包，它会帮助我们下载所有的 Jar，极大地提高开发

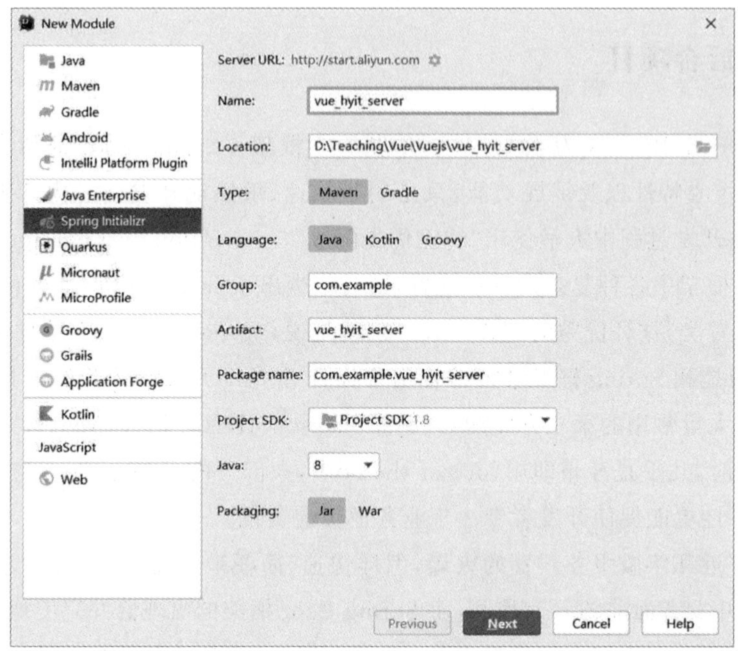

图 5-1 新建 Spring Boot 框架界面

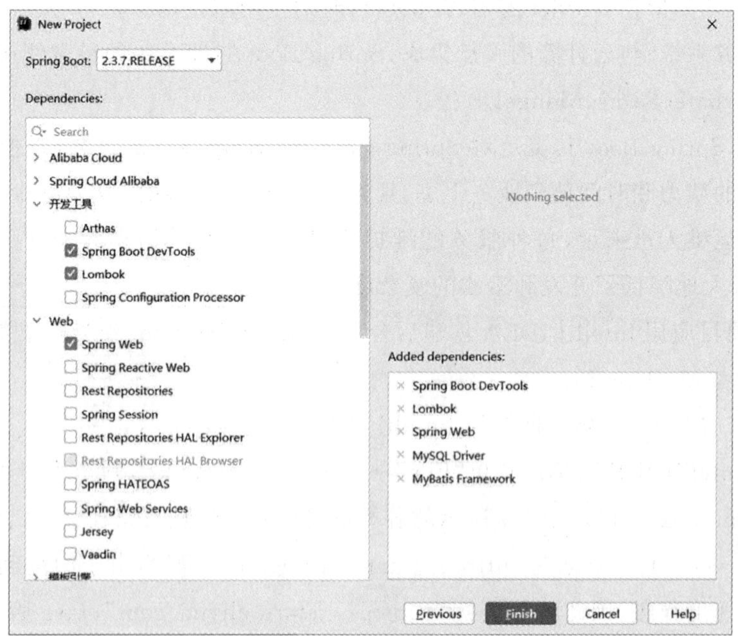

图 5-2 依赖选择界面

效率。

①安装 Maven 并配置 Maven 环境变量，打开 cmd 窗口并输入 mvn -v，若提示 Maven 的安装版本，则说明 Maven 安装成功。

②配置“D:\Maven\apache-maven-3.8.1\conf”文件夹中的 settings.xml 文件，由于 Maven 是从中央仓库下载 Jar 包的，下载速度非常慢，因此修改仓库的地址如下所示：

```
    < mirror>
        < id> aliyunmaven< /id>
        < mirrorOf> * < /mirrorOf>
        < name> 镜像仓库< /name>
        < url> https://maven.aliyun.com/repository/public< /url>
    < /mirror>
```

③修改 Maven 项目的默认 JDK 版本，找到<profiles>标签，将其修改为以下代码：

```
    < profile>
        < id> jdk-1.8< /id>
        < activation>
          < activeByDefault> true< /activeByDefault>
          < jdk> 1.8< /jdk>
        < /activation>
        < properties>
          < maven.compiler.source> 1.8< /maven.compiler.source>
          < maven.compiler.target> 1.8< /maven.compiler.target>
              <  maven. compiler. compilerVersion >  1. 8 < /maven. compiler.
compilerVersion>
        < /properties>
    < /profile>
```

④在 IntelliJ IDEA 中配置 Maven 的本地仓库，打开菜单"File"→"Settings"，选择"Build，Execution，Deployment"→"Build Tools"→"Maven"，设置 Maven 依赖的本地仓库，如图 5-3 所示。其中，Maven home path 设置为 Maven 的安装路径（注意安装路径中不可以有特殊字符），User settings file 和 Local repository 分别设置为 Maven 安装路径下的配置文件和仓库文件路径。

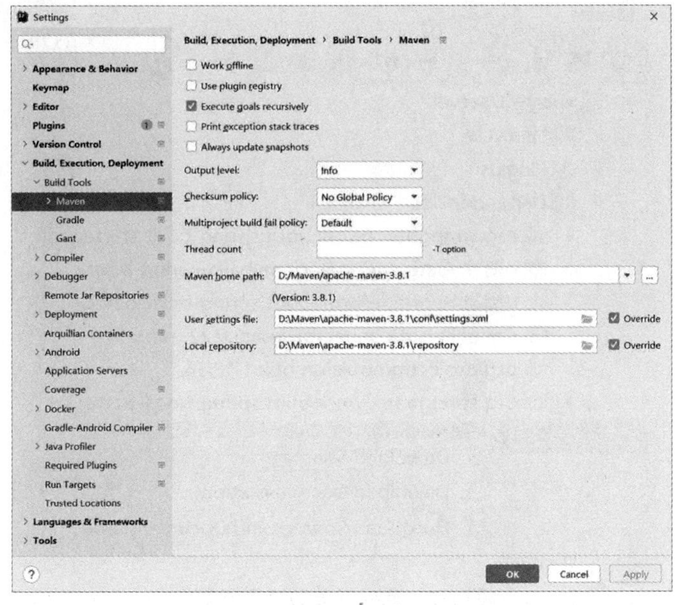

图 5-3　Maven 本地仓库的设置

(5)应用 Navicat Premium 创建 MySQL 数据库文件 elementusers，字符集编码选择 utf-8 编码标准。新建表 t_users 用于存储用户信息，表的字段设计如图 5-4 所示。

对象 | t_users @elementusers (mysql) - 表 | t_users @elementusers (my

保存 添加字段 插入字段 删除字段 主键 上移 下移

字段 索引 外键 触发器 选项 注释 SQL 预览

名	类型	长度	小数点	不是 null	虚拟	键	注释
id	int	6		☑	☐	🔑1	
name	varchar	80		☐	☐		
bir	timestamp			☐	☐		
sex	varchar	4		☐	☐		
address	varchar	120		☐	☐		

图 5-4　数据表 t_users 设计界面

(6)移除不用的文件，如文件夹.mvn，文件.gitignore、HELP.md、mvnw、mvnw.cmd。然后打开文件 pom.xml，添加依赖<dependencies></dependencies>部分的内容，代码如下：

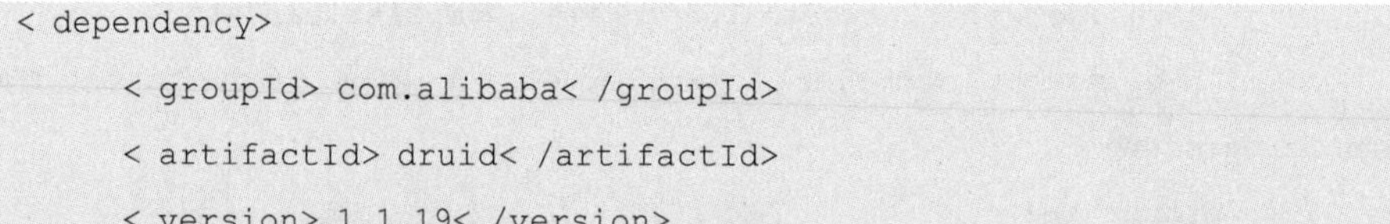

```
< dependency>
    < groupId> com.alibaba< /groupId>
    < artifactId> druid< /artifactId>
    < version> 1.1.19< /version>
< /dependency>
```

提示：

若在 IDEA 中新建项目后发现文件 application.properties 中的以下代码为红色(报错)，一般是数据源的包下载不完整造成的。如图 5-5 所示，在 Maven 面板中重新下载数据源即可。

```
spring.datasource.type= com.alibaba.druid.pool.DruidDataSource
```

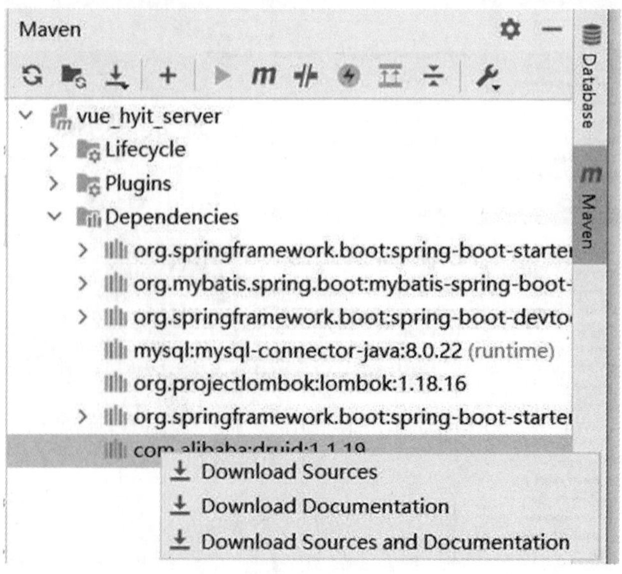

图 5-5　重新下载数据源界面

(7)设置项目的 src→main→resources→application. properties 文件,补充应用服务 Web 访问端口等信息,代码如下:

```
# 应用名称
spring.application.name= vue_hyit_server
# 下面这些内容是为了让 MyBatis 映射
# 指定 MyBatis 的 Mapper 文件
mybatis.mapper-locations= classpath:com/example/mapper/* .xml
# 指定 MyBatis 的实体目录
mybatis.type-aliases-package= com.example.vue_hyit_server.entity
# 数据库驱动:
spring.datasource.driver-class-name= com.mysql.jdbc.Driver
# 数据源名称
spring.datasource.name= elementusers
# 数据库连接地址
spring. datasource. url = jdbc: mysql://localhost: 3306/elementusers?
serverTimezone= UTC&useUnicode= true&characterEncoding= UTF-8
  # serverTimezone= UTC
# 数据库用户名 & 密码:
spring.datasource.username= root
spring.datasource.password= 123456
spring.datasource.type= com.alibaba.druid.pool.DruidDataSource
# 应用服务 Web 访问端口
server.port= 8989
server.servlet.context-path= /
```

(8)在 Navicat Premium 中打开数据库,并右键选中"t-users"表,选择"转储 SQL 文件"→"仅结构",导出数据表结构文件"t_users. sql";然后将 Navicat 导出的数据表文件"t_users. sql"复制在项目的 src→main→resources 路径下创建新数据库文件夹"com/example/sql"路径下。

(9)在路径 src→main→java→com→example→vue_hyit_server 下新建类"entity. User",并在其中添加类的设计,代码如下:

```
package com.example.vue_hyit_server.entity;


import lombok.AllArgsConstructor;
import lombok.Data;
import lombok.NoArgsConstructor;
import lombok.ToString;
import lombok.experimental.Accessors;
import java.util.Date;
```

```
@ Data
@ AllArgsConstructor
@ NoArgsConstructor
@ ToString
@ Accessors(chain = true)

public class User {
    private String id;
    private String name;
    @ JsonFormat(pattern = "yyyy-MM-dd")      //用于设计日期格式
    private Date bir;
    private String sex;
    private String address;
}
```

(10)设计后端接口类，在路径 src→main→java→com→example→vue_hyit_server 下新建类“dao. UserDAO”，注意其中类型选择“interface”，并在其中进行接口设计，代码如下：

```
package com.example.vue_hyit_server.dao;
import com.example.vue_hyit_server.Entity.User;
import java.util.List;
@ Mapper
public interfaceUserDAO {
    //查询所有用户信息
    List< User> findAll();
}
```

(11)若新建文件类型中没有 mapper 类型文件，则在菜单“File” →“Settings” →“File and Code Templates”中单击“+”，如图 5-6 所示，分别设置 Name 为“mapper”，Extension 为“xml”，并添加图 5-6 所示模版内容即可。

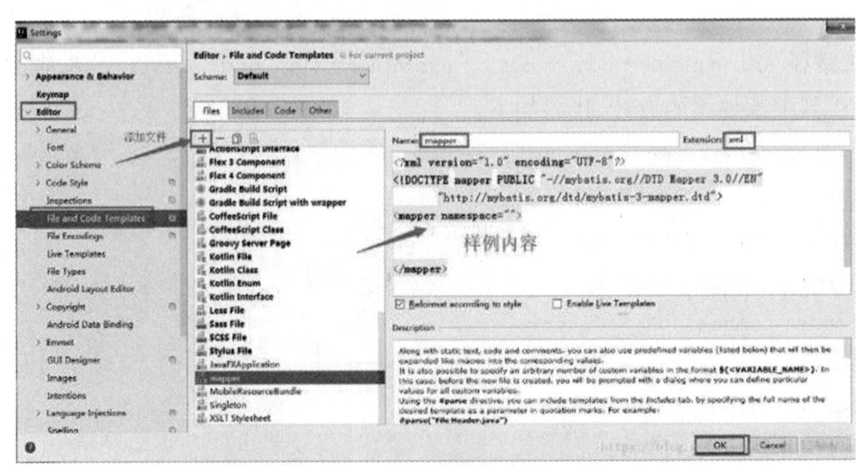

图 5-6 mapper 文件类型设置

```
< ? xml version= "1.0" encoding= "utf-8" ? >
< ! DOCTYPE mapper PUBLIC "-//mybatis. org//DTD Mapper 3. 0//EN" " http://
mybatis.org/dtd/mybatis-3-mapper.dtd" >
< mapper namespace= "">

< /mapper>
```

(12)在路径 src→main→resources→com→example 下新建 mapper 文件“mapper. UserDAOMapper. xml”,代码如下:

```
< ? xml version= "1.0" encoding= "utf-8" ? >
< ! DOCTYPE mapper PUBLIC "-//mybatis. org//DTD Mapper 3. 0//EN" " http://
mybatis.org/dtd/mybatis-3-mapper.dtd" >
< mapper namespace= "com.example.vue_hyit_server.dao.UserDAO">
    < ! --查询所有的方法-->
    < select id= "findAll" resultType= "User">
        select id,name,bir,sex,address
        from t_users
    < /select>
< /mapper>
```

(13)在路径 src→main→java→com→example→vue_hyit_server 下新建接口类“service. UserService”,注意其中类型选择“interface”,并在其中进行接口设计,代码如下:

```
package com.example.vue_hyit_server.service;
import com.example.vue_hyit_server.entity.User;
import java.util.List;

public interfaceUserService {
    //查询所有方法
    List< User> findAll();
}
```

(14)在路径 src→main→java→com→example→vue_hyit_server→service 下新建类“UserServiceImpl”,设计代码如下:

```
package com.example.vue_hyit_server.service;
import com.example.vue_hyit_server.dao.UserDAO;
import com.example.vue_hyit_server.entity.User;
importorg.springframework.beans.factory.annotation.Autowired;
import org.springframework.stereotype.Service;
import org.springframework.transaction.annotation.Transactional;
import java.util.List;
@ Service
```

```
    @ Transactional
    public classUserServiceImpl implements UserService{
        @ Autowired
        privateUserDAO userDAO;
        @ Override
        public List< User> findAll() {
            return userDAO.findAll();
        }
    }
```

(15)在路径 src→test→java→com→example→vue_hyit_server 下新建测试类"TestUserService",设计代码如下:

```
    package com.example.vue_hyit_server;
    import com.example.vue_hyit_server.service.UserService;
    import org.junit.jupiter.api.Test;
    import org.springframework.beans.factory.annotation.Autowired;
    import org.springframework.boot.test.context.SpringBootTest;

    @ SpringBootTest
    public classTestUserService {
        @ Autowired
        privateUserService userService;
        @ Test
        public voidtestFindAll(){
            userService.findAll().forEach(user ->  System.out.println("user = "
+ user));
        }
    }
```

运行"testFindAll",测试程序是否正常运行,是否可以正常取出数据表中所有用户。

(16)设计控制器,在路径 src→main→java→com→example→vue_hyit_server 下新建类"controller. UserController"。由于项目前台访问端口是 8080,项目后台端口设置的是 8989,因此需要解决跨域访问问题,设计代码如下:

```
    package com.example.vue_hyit_server.controller;
    import com.example.vue_hyit_server.entity.User;
    import com.example.vue_hyit_server.service.UserService;
    import org.springframework.beans.factory.annotation.Autowired;
    import org.springframework.web.bind.annotation.GetMapping;
    import org.springframework.web.bind.annotation.RequestMapping;
    import org.springframework.web.bind.annotation.RestController;
```

```
import java.util.List;
@ RestController
@ CrossOrigin  //解决跨域问题
@ RequestMapping("user")
public class UserController {
    @ Autowired
    privateUserService userService;
    //查询所有用户信息
    @ GetMapping("findAll")
    public List< User> findAll(){
        returnuserService.findAll();
    }
}
```

(17)运行后台项目入口类文件 src→main→java→VueHyitServerApplication，项目运行成功后，在浏览器中输入访问地址“http://localhost:8989/user/findAll”，如图 5-7 所示，取出了数据表 t-users 中的两条数据。

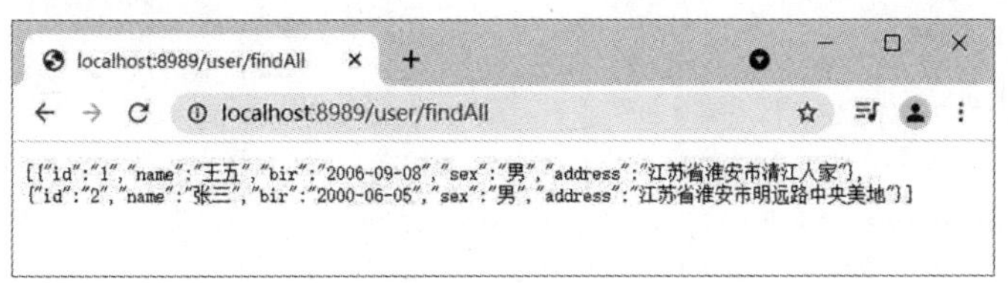

图 5-7　浏览器取出数据表中的数据

5.2　项目前端访问后端

axios 是一个基于 Promise 的发送 HTTP 请求的工具库，简单地说，它可以发送 GET、POST 请求，可以用在浏览器和 Node.js 中。在进行项目前后端对接时，使用 axios 工具可以提高项目的开发效率。在 Vue 中安装 axios(http://www.axios-js.com/)。

(1)axios 的安装命令如下：

```
cnpm install axios --save
```

(2)在 Vue 中安装其他插件的时候，可以直接在 main.js 中引入 Vue.use()，但是 axios 不可以，axios 只能在每个需要发送请求的组件中即时引入。为了解决这个问题，有两种开发思路：一种方法是在引入 axios 之后，修改原型链；另外一种方法是结合 Vuex，封装一个 action。这里介绍修改原型链的方法。首先在 main.js 中全局引入 axios，代码如下：

```
import axios from 'axios'
```

这时候在其他的组件中是无法使用 axios 命令的，所以将 axios 改写为 Vue 的原型属性，代码如下：

```
Vue.prototype.$ http= axios
```

在 main.js 中添加了上述两行代码之后，就可以直接在组件的 methods 中使用 $ http 命令发起网络请求，例如：

```
methods: {
  show() {
    this.$ http({
      method: 'get',
      url: '/user',
      data: {
        name: 'virus'
      }
    })
}
```

(3)在 Vue 的前端用户管理组件中添加项目后端网络请求，请求地址即为图 5-7 所示的测试地址“http://localhost:8989/user/findAll”，代码如下：

```
< script>
export default {
  name: "List",
  data() {
    return {
      tableData: [],
      search:'',
    }
  },
  methods: {
    handleEdit(index, row) {
      console.log(index, row);
    },
    handleDelete(index, row) {
      console.log(index, row);
    }
  },
  created() {
    this.$ http.get("http://localhost:8989/user/findAll").then(res= > {
      this.tableData= res.data;
    })
  }
}
< /script>
```

Vue 前端用户管理运行效果如图 5-8 所示，既实现了搜索功能，也实现了项目前端访问后端数据。

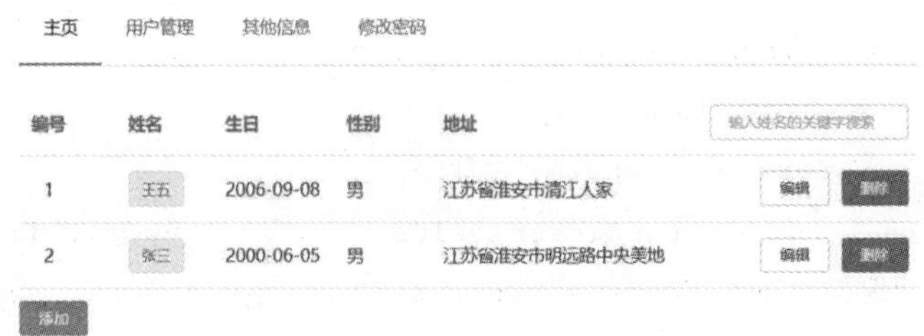

图 5-8　浏览器显示数据表中数据

5.3 项目前后端交互应用

本节在项目的用户管理中新增用户的前后端交互功能。

5.3.1　新增用户信息的前端设计

(1)设计图 5-8 所示中单击“添加”按钮后的弹出式界面的效果,这里使用 Element Ui 组件中的“内置过渡动画”效果,代码如下:

```
    < el-button @ click= "show= ! show" type= "success" size= "mini" style= "
margin: 10px 0px;"> 添加< /el-button>
    < transition name= "el-zoom-in-center">
            < div v-show= "show" class= "transition-box">
            < /div>
    < /transition>
    < style scoped>
    .transition-box {
        margin-bottom: 10px;
        width: 100% ;
        height: 600px;
        border-radius: 4px;
        padding: 40px 20px;
        box-sizing: border-box;
        margin-right: 20px;
    }
    < /style>
```

(2)在上述弹出式过渡动画效果之间新增用户表单,这里使用 Element Ui 组件中的 Form 典型表单效果,代码如下:

```
    < div v-show= "show" class= "transition-box">
          < el-form ref= "form" :model= "form" label-suffix= ":" label-width= "
85px">
```

```
            < el-form-item label= "姓名">
              < el-input v-model= "form.name"> < /el-input>
            < /el-form-item>
            < el-form-item label= "生日">
                  <  el-date-picker  value-format = " yyyy-MM-dd "  type = " date "
placeholder= "选择日期" v-model= "form.bir" style= "width: 100% ;"> < /el-date-
picker>
            < /el-form-item>
            < el-form-item label= "性别">
              < el-radio-group v-model= "form.sex">
                < el-radio label= "男"> < /el-radio>
                < el-radio label= "女"> < /el-radio>
              < /el-radio-group>
            < /el-form-item>
            < el-form-item label= "详细地址">
              < el-input type= "textarea" v-model= "form.address"> < /el-input>
            < /el-form-item>
            < el-form-item>
               < el-button type= "primary" @ click= "onSubmit"> 添加用户< /el-
button>
              < el-button> 取消< /el-button>
            < /el-form-item>
          < /el-form>
        < /div>

    data() {
      return {
        tableData: [],
        search:'',
        show:true,
        form: {
          name: '',
          bir: '',
          sex: '男',
          address: ''
        },
      }
    },
```

这样,新增用户的前端设计如图 5-9 所示。

图 5-9　新增用户前端设计

5.3.2　新增用户信息的后端设计

(1)在项目后台设计数据访问层，在接口文件 UserDAO.java 中添加保存用户信息的方法，代码如下：

```
public interface UserDAO {
    //查询所有用户信息
    List< User> findAll();
    //保存用户信息
    void save(User user);
}
```

(2) 在 UserDAOMapper.xml 文件中新增添加用户信息的实现方法，其中，parameterType 表示保存的对象是 User，useGeneratedKeys 设置为 true 表示插入数据时 mybatis 获取从数据库生成的主键，主键为 id，代码如下：

```
<!--保存用户信息-->
    < insert id = "save" parameterType = "User" useGeneratedKeys = "true"
keyProperty= "id">
        insert into t_users values (#{id}, #{name}, #{bir}, #{sex}, #
{address})
    </insert>
```

(3)设计业务层，在 UserService.java 中添加保存用户信息的方法，代码如下：

```
public interface UserService {
    //查询所有方法
    List< User> findAll();
    //保存用户信息
    void save(User user);
}
```

(4)设计新增用户方法的业务实现，在 UserServiceImpl. java 文件中添加以下代码。其中，Spring 的事务传播机制中 Propagation. SUPPORTS 级别的意义是：如果当前环境有事务，就加入当前事务；如果没有事务，就以非事务的方式执行。

```
public class UserServiceImpl implements UserService{
    @ Autowired
    private UserDAO userDAO;
    @ Override
    @ Transactional(propagation = Propagation.SUPPORTS)
    public List< User> findAll() {
        return userDAO.findAll();
    }
    @Override
    public void save(User user){
      userDAO. save(user);
    }
}
```

(5)测试前述新增用户功能是否正确实现，在 TestUserService. java 中添加测试代码，代码如下：

```
@ SpringBootTest
public class TestUserService {
    @ Autowired
    private UserService userService;
    @Test
    public void testSave(){
        User user=new User();
        user. setName("测试姓名 1");
        user. setBir(new Date());
        user. setSex("男");
        user. setAddress("测试地址 1");
        userService. save(user);
    }
    @ Test
    public void testFindAll(){
      userService.findAll().forEach(user ->  System.out.println("user = " +
user));
    }
}
```

运行 testSave 方法测试，若程序运行无误，则在数据表 t_users 中可以新增一条测试数据，即业务方法测试通过。

(6)设计表示层 Controller，在 UserController. java 文件中新增 save 方法，代码如下：

```
public class UserController {
    @ Autowired
    private UserService userService;
    //查询所有用户信息
    @ GetMapping("findAll")
    public List< User> findAll(){
        return userService.findAll();
    }
    //保存所有用户信息
    @PostMapping("save")
    public void save(@RequestBody User user){
        userService.save(user);
    }
}
```

(7)在保存数据的同时,需要设计发送数据是否正确添加的状态信息给项目前端,在路径 src→main→java→com.example.vue_hyit_server 下新建类文件"vo.Result.java",代码如下:

```
package com.example.vue_hyit_server.vo;
import lombok.Data;
@ Data
public class Result {
    private Boolean status= true;
    private String msg;
}
```

(8)为了将状态信息发送给项目前端,继续完善 UserController.java 文件中的 save 方法,代码如下:

```
//保存用户信息
    @ PostMapping("save")
    public Result save(@ RequestBody User user){
      Result result=new Result();
      try {
          userService.save(user);
          result.setMsg("用户信息保存成功!");
      }catch (Exception e){
          result.setStatus(false);
          result.setMsg("系统错误:保存用户信息失败!");
      }
      return result;
    }
```

(9)至此,已完成项目后端关于添加用户接口的设计,运行后端项目

VueHyitServerApplication 后，再设计项目前端 Vue 对于添加用户接口的调用。

(10)在 Vue 前端，如图 5-9 所示，为单击“添加用户”按钮设计 submit 事件，即在 submit 事件中向项目后端地址“http://localhost:8989/user/save”发送一个异步 ajax 请求，代码如下。其中，使用 Element Ui 中的“Message 消息提示”组件设计信息添加成功后的提示信息。运行项目前端并测试添加一个用户信息数据。

```
< script>
export default {
  name: "List",
  data() {
    return {
      tableData: [],
      search:'',
      show:true,
      form: {
        name: '',
        bir: '',
        sex: '男',
        address: ''
      },
    }
  },
  methods: {
    handleEdit(index, row) {
      console.log(index, row);
    },
    handleDelete(index, row) {
      console.log(index, row);
    },
    onSubmit() {
      //发送一个 ajax 请求
      this. $ http. post("http://localhost:8989/user/save",this. form). then(res=>{
        if(res. data. status){
          this. $ message({
            message: 恭喜你,'+res. data. msg,
            type: 'success'
          });
        }
        else{
          this. $ message. error(res. data. msg);
        }
```

```
      })
    }
  },
  created() {
    this.$ http.get("http://localhost:8989/user/findAll").then(res= > {
      this.tableData= res.data;
    })
  }
}
</script>
```

(11)上述已实现用户信息的成功添加,但信息添加成功后,我们希望信息成功添加的同时重新加载最新的用户表中的所有信息,并清空表单信息,继续完善上述代码设计。

应用 this. form={};清空表单信息;应用 this. show=false;隐藏表单。

添加信息后需要重新渲染加载用户信息表信息,因此将发送异步请求的部分代码单独封装为一个方法 findAllTableData(),改进的代码如下:

```
    metho2ds: {
        handleEdit(index, row) {
          console.log(index, row);
        },
        handleDelete(index, row) {
          console.log(index, row);
        },
        onSubmit() {
          //发送一个 ajax 请求
          this.$ http.post("http://localhost:8989/user/save", this.form).then
(res= > {
            if(res.data.status){
              this.$ message({
                message: '恭喜你,'+ res.data.msg,
                type: 'success'
              });
              //清空表单信息,同时设置性别默认值
              this.form={sex: 男'};
              //隐藏表单
              this.show=false;
              //信息添加成功后,调用刷新数据的方法
              this.findAllTableData();
            }
            else{
              this.$ message.error(res.data.msg);
```

```
            }
          })
        },
        findAllTableData(){
          this.$http.get("http://localhost:8989/user/findAll").then(res=>{
            this.tableData=res.data;
          })
        }
      },
      created() {
        this.findAllTableData();
      }
```

5.3.3 删除用户信息的设计

(1)在项目后台中设计删除用户的方法：设计数据访问层，在接口文件 UserDAO. java 中添加删除用户信息的方法，代码如下：

```
public interface UserDAO {
    //查询所有用户信息
    List< User> findAll();
    //保存用户信息
    void save(User user);
    //根据 id 删除一个用户
    void delete(String id);
}
```

(2)在 UserDAOMapper. xml 文件中设计删除用户信息的实现方法，主键为 id，代码如下：

```
< ! --根据 id 删除用户信息-->
  < delete id= "delete" parameterType= "String">
      delete from t_users where id= # {id}
  < /delete>
```

(3)设计业务层，在 UserService. java 中添加删除用户信息的方法，代码如下：

```
public interface UserService {
    //查询所有方法
    List< User> findAll();
    //保存用户信息
    void save(User user);
    //根据 id 删除用户信息
    void delete(String id);
}
```

(4)设计删除用户方法的业务实现，在 UserServiceImpl. java 文件中添加以下代码：

```
public class UserServiceImpl implements UserService{
    @ Autowired
    private UserDAO userDAO;
    @ Override
    @ Transactional(propagation = Propagation.SUPPORTS)
    public List< User> findAll() {
        return userDAO.findAll();
    }
    @ Override
    public void save(User user) {
        userDAO.save(user);
    }
    @Override
    public void delete(String id){
        userDAO.delete(id);
    }
}
```

(5)测试前述删除用户功能是否正确实现,在 TestUserService.java 中添加测试代码,代码如下。运行 testDelete 方法测试,若程序运行无误,则在数据表 t_users 中可以删除指定 id 的一条数据,即业务方法测试通过。

```
@ SpringBootTest
public class TestUserService {
    @ Autowired
    private UserService userService;
    @ Test
    public void testFindAll() {
        userService.findAll().forEach(user ->  System.out.println("user = "
 + user));
    }
    @ Test
    public void testSave() {
        User user= new User();
        user.setName("测试姓名 1");
        user.setBir(new Date());
        user.setSex("男");
        user.setAddress("测试地址 1");
        userService.save(user);
    }
    @Test
    public void testDelete(){
```

```
            userService.delete("7");
        }
    }
```

(6)设计表示层 Controller,在 UserController.java 文件中新增 delete 方法,代码如下:

```
public class UserController {
    @ Autowired
    private UserService userService;
    //删除用户
    @GetMapping("delete")
    public Result delete(String id){
        Result result=new Result();
        try {
            userService.delete(id);
            result.setMsg("删除用户信息成功!");
        }catch (Exception e){
            e.printStackTrace();
            result.setStatus(false);
            result.setMsg("删除用户信息失败!");
        }
        return result;
    }
}
```

(7)至此,已完成项目后端关于删除用户接口的设计,运行后端项目 VueHyitServerApplication 后,再设计项目前端 Vue 对于删除用户接口的调用。

在 Vue 前端,如图 5-9 所示,为表单的“删除”按钮设计删除方法,即向项目后端地址“http://localhost:8989/user/delete”发送一个异步 ajax 请求,代码如下:

```
methods: {
  handleEdit(index, row) {
    console.log(index, row);
  },
  handleDelete(index, row) {
    console.log(index, row);
    //发送 ajax 请求处理删除数据
    this.$htt.get("http://localhost:8989/user/delete?id="+row.id).then(res=>{
      if(res.data.status){
        this.$message({
          message: res.data.msg,
          type: 'success'
        });
        this.findAllTableData();//刷新数据
```

```
        }else{
            this.$message.error(res.data.msg);
        }
    });
},
```

其中，使用 Element Ui 中的“Popconfirm”组件设计信息是否确定删除的确认弹出框，以防止用户的误删除操作。修改 Vue 前端表单的删除按钮的设计，代码如下。运行项目前端并测试删除一个用户信息数据。

```
< template slot-scope= "scope">
    < el-button
            size= "mini"
            @ click= "handleEdit(scope.$ index, scope.row)"> 编辑< /el-button>
    <el-popconfirm
            confirm-button-text=好的'
            cancel-button-text=不用了'
            icon="el-icon-info"
            icon-color="red"
            title="确定删除吗?"
            @confirm="handleDelete(scope.$index, scope.row)"
    >
    <el-button size="mini"
                    type="danger"
                    slot="reference">删除</el-button>
    </el-popconfirm>
< /template>
```

5.3.4 编辑用户信息的设计

(1)在 Vue 前端，如图 5-9 所示，为表单的“编辑”按钮设计编辑方法。单击“编辑”按钮后使之前设计的表单 Form 信息显示出来，同时将编辑的表数据显示在表单中，实现双向绑定数据，代码如下：

```
methods: {
    handleEdit(index, row) {
      console.log(index, row);
      this.show=true;//展示编辑表单
      this.form=row;//回显编辑信息
    },
}
```

添加用户信息与编辑用户信息使用同一个表单，若没有回传表格行 id 则是新增用户信息，若有回传表格行 id 信息则是编辑用户信息。因此，设计一个新方法“saveUserInfo”，代码如下：

```
    < el-button @click="saveUserInfo" type= "success" size= "mini" style= "margin:
10px 0px;"> 添加< /el-button>

    methods: {
        saveUserInfo(){//点击添加时清空信息
          this.show=true;
          this.form={sex:男};
        },
```

(2)为表单的“编辑”按钮设计编辑方法，将图 5-9 中“添加用户”按钮改为“确认”按钮。若用户点击“编辑”按钮则点击“确认”按钮后执行编辑用户操作，若用户点击“添加”按钮则点击“确认”按钮后执行新增用户操作，二者的区别为是否回传表格行 id。前端的异步请求都使用地址“http://localhost:8989/user/save”，为了区分不同的操作，这里进行完善和修改，即在 save 请求中既要完成保存操作，又要完成编辑更新操作。

(3)修改项目后端 UserController.java 文件中的 save 方法，将其改为 saveOrUpdate 方法，代码如下：

```
    public class UserController {
        @ Autowired
        private UserService userService;
        //查询所有用户信息
        @ GetMapping("findAll")
        public List< User> findAll(){
            return userService.findAll();
        }
        //保存用户
        @PostMapping("saveOrUpdate")
        public Result saveOrUpdate(@RequestBody User user){
            Result result=new Result();
            try {
                if(StringUtils.isEmpty(user.getId())){
                    userService.save(user);
                    result.setMsg("用户信息保存成功!");
                }else {
                    userService.update(user);
                    result.setMsg("用户信息编辑成功!");
                }

            }catch (Exception e){
                result.setStatus(false);
                result.setMsg("系统错误:保存用户信息失败!");
            }
```

```
        return result;
    }
}
```

(4)设计业务层，在 UserService.java 中添加更新用户信息的方法，代码如下：

```
public interface UserService {
    //查询所有方法
    List< User> findAll();
    //保存用户信息
    void save(User user);
    //根据 id 删除用户信息
    void delete(String id);
    //更新用户信息
    void update(User user);
}
```

(5)设计更新用户方法的业务实现，在 UserServiceImpl.java 文件中添加以下代码：

```
public class UserServiceImpl implements UserService{
    @ Autowired
    private UserDAO userDAO;
    @ Override
    @ Transactional(propagation = Propagation.SUPPORTS)
    public List< User> findAll() {
        return userDAO.findAll();
    }
    @ Override
    public void save(User user) {
        userDAO.save(user);
    }
    @Override
    public void update(User user){
        userDAO.update(user);
    }
    @ Override
    public void delete(String id) {
        userDAO.delete(id);
    }
}
```

(6)设计数据访问层，在接口文件 UserDAO.java 中添加更新用户信息的方法，代码如下：

```
public interface UserDAO {
    //查询所有用户信息
    List< User>  findAll();
    //保存用户信息
    void save(User user);
    //根据 id 删除一个用户
    void delete(String id);
    //修改用户信息
    void update(User user);
}
```

(7)在 UserDAOMapper.xml 文件中设计更新用户信息的实现方法，主键为 id，代码如下：

```
< ! --根据 id 修改用户信息-->
< update id= "update"parameterType= "User">
        update t_users set name= # {name},bir= # {bir},sex= # {sex},address=
# {address}
        where id= # {id}
< /update>
```

(8)将 Vue 前端“确认”按钮触发的 submit 方法中的异步请求地址修改为更新后的，最后测试添加或更新用户信息，代码如下：

```
onSubmit() {
     //发送一个 ajax 请求
     this.$ http.post ("http://localhost:8989/user/saveOrUpdate", this.form).then
(res= > {
       if(res.data.status){
         this.$ message({
           message: '恭喜你,'+ res.data.msg,
           type: 'success'
         });
```

5.3.5 表单输入规则的设计

本项目使用 Element Ui 中的表单验证设计，Vue 前端用户管理部分有修改的部分设计代码如下：

```
< transition name= "el-zoom-in-center">
     < div v-show= "show" class= "transition-box">
       < el-form :hide-required-asterisk ="false" :rules ="rules" ref ="userForm" :
model= "form" label-suffix= ":" label-width= "85px">
         < el-form-item label= "姓名" prop="name">
           < el-input v-model= "form.name"> < /el-input>
```

```
            < /el-form-item>
            < el-form-item label= "生日" prop="bir">
              < el-date-picker type= "date" placeholder= "选择日期" v-model=
    "form.bir" style= "width: 100% ;"> < /el-date-picker>
            < /el-form-item>
            < el-form-item label= "性别">
              < el-radio-group v-model= "form.sex">
                < el-radio label= "男"> < /el-radio>
                < el-radio label= "女"> < /el-radio>
              < /el-radio-group>
            < /el-form-item>
            < el-form-item label= "详细地址" prop="address">
              < el-input type= "textarea" v-model= "form.address"> < /el-input>
            < /el-form-item>
            < el-form-item>
              < el-button type= "primary" @ click= "onSubmit('userForm')"> 确认
  < /el-button>
              < el-button @ click= "saveUserInfo"> 重置< /el-button>
            < /el-form-item>
          < /el-form>
        < /div>
      < /transition>
    rules: {
          name: [
            { required: true, message: '请输入用户姓名', trigger: 'blur' },
          ],
          bir: [
            { required: true, message: '请输入用户生日', trigger: 'blur' },
          ],
          address: [
            { required: true, message: '请输入用户地址', trigger: 'blur' },
          ],
      }

    o nSubmit(userForm) {
        this.$refs[userForm].validate((valid) => {
          if (valid) {
            //发送一个 ajax 请求
            this.$ http.post("http://localhost:8989/user/saveOrUpdate", this.
  form).then(res= > {
```

```
                if(res.data.status){
                  this.$ message({
                    message: '恭喜你,'+ res.data.msg,
                    type: 'success'
                  });
                  //清空表单信息
                  this.form= {sex: '男'};
                  //隐藏表单
                  this.show= false;
                  //信息添加成功后,调用刷新数据的方法
                  this.findAllTableData();
                }
                else{
                  this.$message.error(res.data.msg);
                }
              });
            } else {
              this.$message.error("输入的数据不合法!");
              return false;
            }
          });
        },
```

用户管理部分表单验证在浏览器中的运行效果如图 5-10 所示。

图 5-10　用户管理部分表单验证运行效果

5.3.6　表单分页组件的设计

(1)本项目使用 Element Ui 中的 Pagination 分页组件设计表单的分页,同时使用 Layout 布局设计分页组件的位置。Vue 前端用户信息的表格展示部分代码设计如下:

```
...
    < /el-table>
    <el-row>
      <el-col :span="12" :offset="12">
        <el-pagination style="margin: 10px 0px;"
                        background
                        prev-text="上一页"
                        next-text="下一页"
                        layout="prev, pager, next, jumper, total, sizes"
                        @current-change="findPage"
                        @size-change="findSize"
                        :total="50">
        </el-pagination>
      </el-col>
    </el-row>

  methods: {
    findSize(size){
      console.log(size);
    },
    findPage(){//用于处理分页方法
      console.log(page);
    },
```

(2)在项目后端增加分页的设计，设计数据访问层，在接口文件 UserDAO.java 中添加分页查询和查询总条数的方法，代码如下：

```
public interface UserDAO {
    //分页查询
    List<User> findByPage(@Param("start") Integer start, @Param("rows") Integer
rows);
    //查询总条数
    Long findTotals();
}
```

(3)在 UserDAOMapper.xml 文件中新增分页的实现方法，代码如下：

```
<!--分页查询-->
  <select id= "findByPage" resultType= "User">
      select id,name,bir,sex,address
      from t_users limit #{start},#{rows}
  </select>
  <!--查询总条数-->
```

```
    < select id= "findTotals" resultType= "Long">
        select count(id) from t_users
    < /select>
```

(4)设计业务层,在 UserService. java 中添加分页的方法,代码如下:

```
public interface UserService {
    //分页查询
    List<User>findByPage(Integer pageNow, Integer rows);
    //查询总条数
    Long findTotals();
}
```

(5)设计分页方法的业务实现,在 UserServiceImpl. java 文件中添加以下代码:

```
@ Override
public List< User> findByPage(Integer pageNow, Integer rows) {
    int start= (pageNow-1) * rows;
    return userDAO.findByPage(start,rows);
}
@ Override
public Long findTotals() {
    return userDAO.findTotals();
}
```

(6)为了将状态信息发送给项目前端,继续完善 UserController. java 文件中的分页方法,代码如下:

```
//分页查询方法
    @ GetMapping("findByPage")
    public Map< String,Object> findByPage(Integer pageNow, Integer pageSize) {
        Map< String,Object>  result= new HashMap< > ();
        pageNow= pageNow= = null? 1:pageNow;
        pageSize= pageSize= = null? 4:pageSize;
        List< User>  users= userService.findByPage(pageNow,pageSize);
        Long totals= userService.findTotals();
        result.put("users",users);
        result.put("total",totals);
        return result;
    }
```

(7)完善 Vue 前端用户信息的表格分页展示部分,代码设计如下:

```
< el-row>
    < el-col :span= "12" :offset= "12">
      < el-pagination style= "margin: 10px 0px;"
```

```
                background
                prev-text= "上一页"
                next-text= "下一页"
                layout= "prev, pager, next, jumper, total, sizes"
                :page-size= "size"
                :current-page= "pageNow"
                :page-sizes= "[2,4,6,8,10]"
                @ current-change= "findPage"
                @ size-change= "findSize"
                :total= "total">
        < /el-pagination>
      < /el-col>
    < /el-row>

    data() {
      return {
        tableData: [],
        search:'',
        show:false,
        form: {
          name: '',
          bir: '',
          sex: '男',
          address: ''
        },
        total:0,
        size:4,
        pageNow:1,

    methods: {
      findSize(size){//用于处理每页显示的记录发生变化的方法
        console.log(size);
        this.size= size;
        this.findAllTableData(this.page,size);
      },
      findPage(page){//用于处理分页方法
        this.page= page;
        this.findAllTableData(page,this.size);
      },
```

```
    findAllTableData(page,size){
        page= page? page:this.pageNow,
            size = size? size: this. size;        this. $ http. get ( " http://
localhost:8989/user/findByPage? pageNow= "+ page+ "&pageSize"+ size).then(res=
> {
          this.tableData= res.data.users;
          this.total= res.data.total;
        })
      }
```

用户信息分页显示效果如图 5-11 所示。

图 5-11　用户信息分页显示效果

5.3.7　项目部署

使用 npm run build 语句进行前端项目的部署，部署成功后在项目路径中生成静态部署文件夹 dist，直接将 dist 文件夹复制到项目后端的 src→main→resources→static 路径下即可。重新运行后端项目，在浏览器中输入访问地址 http://localhost:8989/即可正常运行前后端分离的项目。

1. 启动项目后端工程步骤

(1)打开项目后端文件夹根路径，在地址栏中输入“cmd”打开命令窗口，或者应用 cd 命令进入项目后端文件根路径；

(2)执行命令 npm install 安装项目运行所需要的包；

(3)执行命令 node app. js 运行后端项目。项目运行过程中不要关闭命令窗口。

2. 启动项目前端工程步骤

(1)打开项目前端文件夹根路径，在地址栏中输入“cmd”打开命令窗口，或者应用 cd 命令进入项目前端文件根路径；

(2)执行命令 npm install 安装项目运行所需要的包；

(3)执行命令 npm run serve 运行前端项目。项目运行过程中不要关闭命令窗口。

项目部署

第6章

前后端分离设计

前后端分离指的是前端采用 HTML 页面，通过 Ajax 来调用 HTTP 请求，进而调用后端的 RESTful API，前端只需关注页面的样式与动态数据的解析和渲染，而后端专注于具体业务逻辑。前后端分离会为以后的大型分布式架构、弹性计算架构、微服务架构和多端化服务(例如浏览器、安卓、iOS 等)打下坚实的基础。前后端分离框架图如图 6-1 所示。

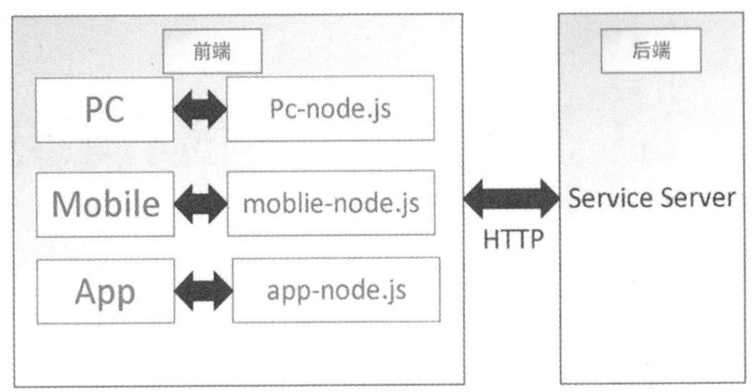

图 6-1 前后端分离框架图

6.1 Django 的前后端分离

Django 的普通项目是基于 MVT 模式(model view template)开发的，而 Django 的前后端分离项目则是基于 MVVM 模式开发的。MVVM 模式比普通 MVC 模式多一个 ViewModel 对象，它可以将数据和逻辑处理部分从 Controller 控制器中抽离出来，是 Model 和 Controller 之间的一座桥梁。MVVC 基本架构图如图 6-2 所示。

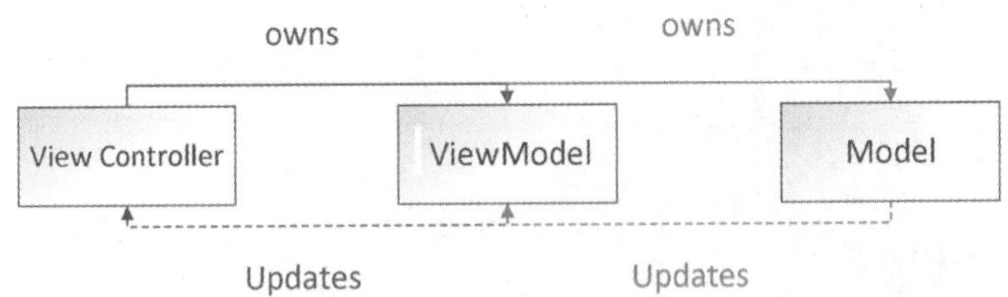

图 6-2 MVVC 基本架构图

Django 前后端分离项目原理：后端遵循 RESTful 规范开发 API，与前端进行数据交互，实现多端应用。

6.1.1 Django REST framework 简介

Django REST framework 框架是用于构建 Web API 的强大且灵活的工具包，通常简称为 DRF 框架或 REST framework。Django REST framework 的 10 个常用组件如下：权限组件、认证组件、访问频率限制组件、序列化组件、路由组件、视图组件、分页组件、解析器组件、渲染器组件和版本组件。

Django REST framework 官方文档的地址是 https://www.django-rest-framework.org/。

6.1.2 API介绍

API(application programming interface)是一些预先定义的接口(如函数、HTTP接口),或指软件系统不同组成部分衔接的约定。它用来提供应用程序与开发人员基于某软件或硬件得以访问的一组例程,而又无须访问源代码,或理解内部工作机制的细节。

例如,用户可以通过中国气象数据网提供的API接口,传入账号密码、时间和地点等参数来调用某时刻某站的中国地面气象站逐小时观测资料的温度要素。气象API服务以RESTful Web Services的方式提供,对于要素型数据以.json格式直接返回,对于文件型数据以.json格式返回文件清单列表。

6.1.3 RESTful API

RESTful API是使用REST原理的应用程序接口。RESTful API定义了一组功能,开发人员可以通过HTTP协议(例如GET和POST)执行请求并接收响应。

1. HTTP动词

对于资源的具体操作类型,由HTTP动词表示。常用的HTTP动词有下面五个。

GET:从服务器去除资源。

POST:在服务器新建一个资源。

PUT:在服务器更新资源(客户端提供改变后的完整资源)。

PATCH:在服务器更新资源(客户端提供改变的属性)。

DELETE:从服务器删除资源。

2. 路径

在RESTful架构中,每一个网址代表一种资源,所以网址中只能用名词,且所用名词与数据库表格名对应。例如http://webdesign.hyit.online/students。

3. 版本

URL中嵌入版本编号,可以在引入新版本API的同时确保旧版本API仍然可用。例如http://webdesign.hyit.online/v1/students。

4. 域名

将API部署在专用域名之下,例如http://api/webdesign.hyit.online.com。

若API简单,无进一步扩展,可以放在主域名下。例如http://webdesign.hyit.online/api/v1/students。

5. HTTPS协议

谷歌浏览器对所有不是HTTPS请求的链接全都会提示用户此链接为不安全链接,腾讯等平台也对小程序等产品强制要求使用HTTPS协议。例如https://webdesign.hyit.online/api/v1/students。

6. 状态码(status codes)

服务器向用户返回的状态码和提示信息,常见的有以下一些(方括号中是该状态码对应的 HTTP 动词)。

200 OK - [GET]:服务器成功返回用户请求的数据,该操作是幂等的(idempotent)。

201 CREATED - [POST/PUT/PATCH]:用户新建或修改数据成功。

202 Accepted - [*]:表示一个请求已经进入后台排队(异步任务)。

204 NO CONTENT - [DELETE]:用户删除数据成功。

400 INVALID REQUEST - [POST/PUT/PATCH]:用户发出的请求有错误,服务器没有进行新建或修改数据的操作,该操作是幂等的。

401 Unauthorized - [*]:表示用户没有权限(令牌、用户名、密码错误)。

403 Forbidden - [*]:表示用户得到授权(与 401 错误相对),但是访问是被禁止的。

404 NOT FOUND -[*]:用户发出的请求针对的是不存在的记录,服务器没有进行操作,该操作是幂等的。

406 Not Acceptable - [GET]:用户请求的格式不可得(比如用户请求 JSON 格式,但是只有 XML 格式)。

410 Gone -[GET]:用户请求的资源被永久删除,且不会再得到。

422 Unprocesable entity - [POST/PUT/PATCH]:当创建一个对象时,发生一个验证错误。

500 INTERNAL SERVER ERROR - [*]:服务器发生错误,用户将无法判断发出的请求是否成功。

7. 过滤信息(filtering)

API 的参数中加入筛选条件参数,实现资源过滤。下面是一些常见的参数。

? limit=10:指定返回记录的数量。

? offset=10:指定返回记录的开始位置。

? page=2&per_page=100:指定第几页,以及每页的记录数。

? sortby=id&order=asc:指定返回结果按照 id 排序,以及顺序排序。

? students_id=1:指定筛选条件。

8. 返回结果

针对不同操作,服务器向用户返回的结果应该符合以下规范。

GET /collection:返回资源对象的列表(数组)。

GET /collection/resource:返回单个资源对象。

POST /collection:返回新生成的资源对象。

PUT /collection/resource:返回完整的资源对象。

PATCH /collection/resource:返回完整的资源对象。

DELETE /collection/resource:返回一个空文档。

请求方法及其返回结果如表 6-1 所示。

表 6-1 请求方法及其返回结果

请求方法	请求地址	后端操作
GET	https://webdesign. hyit. online/api/v2/students	获取所有学生信息
POST	https://webdesign. hyit. online/api/v2/students	增加学生信息
GET	https://webdesign. hyit. online/api/v2/students/1201317130	获取学号为 1201317130 的学生信息
PUT	https://webdesign. hyit. online/api/v2/students/1201317130	修改学号为 1201317130 的学生信息
DELETE	https://webdesign. hyit. online/api/v2/students/1201317130	删除学号为 1201317130 的学生信息

9. 错误处理

返回的详细信息中加入错误代号 code,并以字典的形式放在 data 中。

```
ret {
    code:1000,
    data:{
        {'id':1,'title':Python 程序设计'
         'detail':https://webdesign.hyit.online/}
        }
}
```

6.2 准备项目开发环境

本项目的开发环境以及安装方法如下:

1. 安装 Python

本项目的开发环境需使用 Python,可以从其官网中下载并安装。下载地址:https://www. python. org/downloads/windows/,选择下载 Python 3. 9. 2 Windows installer(64-bit),如图 6-3 所示。

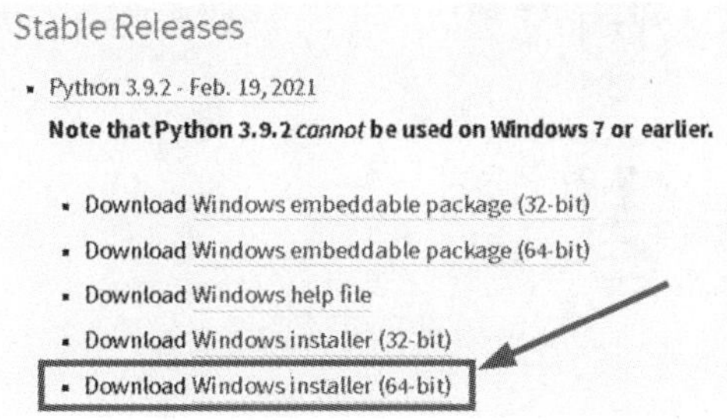

Stable Releases

- Python 3.9.2 - Feb. 19, 2021

  Note that Python 3.9.2 *cannot* be used on Windows 7 or earlier.

  - Download Windows embeddable package (32-bit)
  - Download Windows embeddable package (64-bit)
  - Download Windows help file
  - Download Windows installer (32-bit)
  - Download Windows installer (64-bit)

图 6-3 本项目开发使用的 Python 安装包

下载完成后，Python 的 Windows 安装包以 python-3.9.2-amd64.exe 方式命名。直接运行该程序可以进入 Python 的安装界面，如图 6-4 所示。

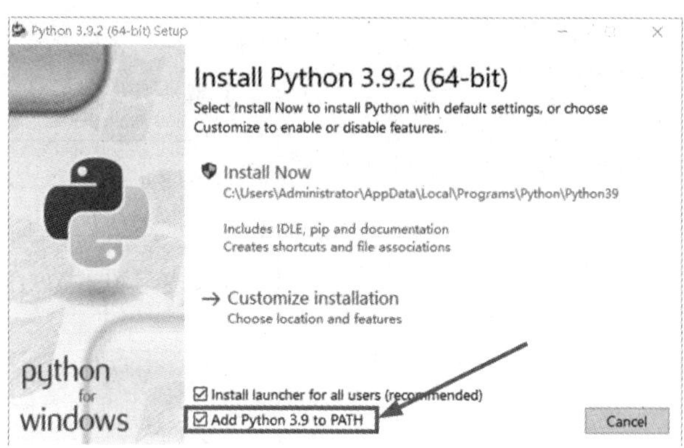

图 6-4　Python 在 Windows 中的安装界面

勾选对话框下方的"Add Python 3.9 to PATH"复选框，然后单击"Install Now"按钮继续安装，Python 在 Windows 中的安装过程如图 6-5 所示。

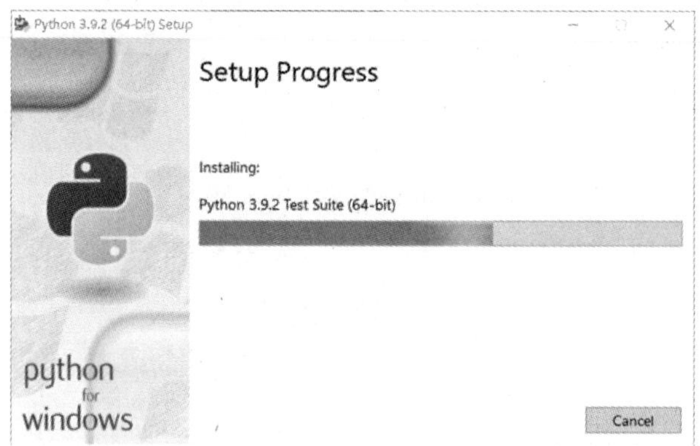

图 6-5　Python 在 Windows 中的安装过程

安装完成后，Python 3.9 的可执行程序路径就会被自动加入 Windows 环境变量中。可以通过环境变量对话框查看确认，具体查找路径为："计算机"→"属性"→"高级系统设置"→"用户变量"对话框中的 Path 变量，如图 6-6 所示。

图 6-6　在 Windows 中设置 Path 环境变量

在 Path 环境变量中添加 Python 的路径后，打开 Windows 命令行工具，执行 python 命令，如果输出图 6-7 所示的内容，说明 Python 已经安装成功。

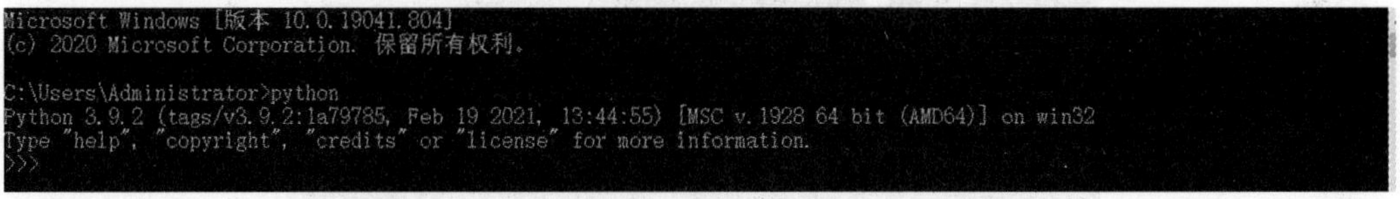

```
Microsoft Windows [版本 10.0.19041.804]
(c) 2020 Microsoft Corporation. 保留所有权利。

C:\Users\Administrator>python
Python 3.9.2 (tags/v3.9.2:1a79785, Feb 19 2021, 13:44:55) [MSC v.1928 64 bit (AMD64)] on win32
Type "help", "copyright", "credits" or "license" for more information.
>>>
```

图 6-7　测试 Python 运行环境是否安装成功

2. 安装 PyCharm

本项目的开发平台使用 PyCharm 编辑器。PyCharm 分为社区版和专业版，我们选择下载专业版。

进入 PyCharm 下载页面，下载专业版安装包，如图 6-8 所示。

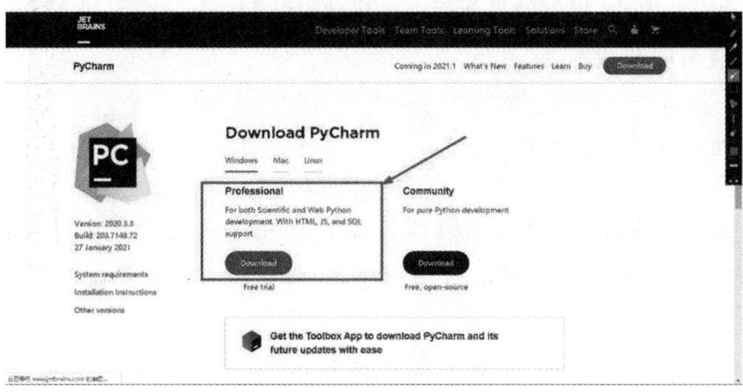

图 6-8　PyCharm 专业版下载

下载好安装包，双击进行安装，选择安装路径，关联. py 文件，单击“Next”按钮安装，如图 6-9 所示。

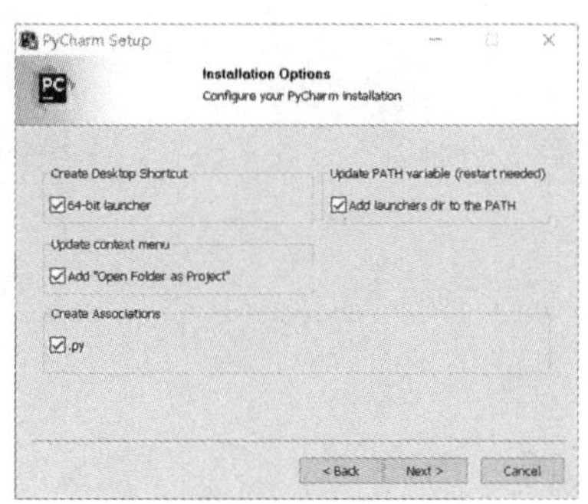

图 6-9　PyCharm 安装选项

本项目开发使用的 PyCharm 平台 Version 信息如图 6-10 所示。

3. 安装 Django

Django 是 Python 语言的一个类库，可以通过 pip 工具安装。进入 Python 安装目录下的 Scripts 目录，打开 Windows 命令行工具，以管理员身份运行命令：

图 6-10　本项目开发使用的 PyCharm 平台 Version 信息

```
pip install django
```

系统将自动安装 PyPi 提供的最新版本。成功安装 Django 之后，进入 Python 交互式环境，按下面所示查看安装版本。

```
>>> import django
>>> django.get_version()
3.1.2
```

Django 安装完成后，在 Python 解释器目录下的 Scripts 文件夹中可找到一个 django-admin.exe 文件，这是 Django 的核心管理程序，需将它加入操作系统的环境变量中，方便调用。

在 Path 变量中添加 Scripts 目录，如图 6-11 所示。

图 6-11　设置 Django 环境变量

环境变量设置完成后，回到命令行工具界面，运行命令 django-admin help，如果输出如下内容，说明 Django 已经安装成功。

```
D:\webdesign-hyit\Python38\Scripts> django-admin help
Type'django-admin help < subcommand> ' for help on a specific subcommand.
Available subcommands:
[django]
    check
    compilemessages
    createcachetable
    dbshell
...(以下省略)
```

4. 安装 Django REST framework

打开 Windows 命令行工具,执行如下命令:

```
pip install djangorestframework
```

5. 安装 Virtualenv

Virtualenv 可用于创建独立的 Python 环境,在这些环境里面可以选择不同的 Python 版本或者不同的 Packages,并且可以在没有 root 权限的情况下在环境里安装新套件,互相不会产生任何的影响。

打开 Windows 命令行工具,执行如下命令:

```
pip install virtualenv
```

6. 安装 HBuilder X

后续需使用 HBuilder X 作为网页开发工具,因此需从官网(https://www.dcloud.io/hbuilderx.html)下载其安装包。进入 HBuilder X 下载页面,下载标准版压缩包,如图 6-12 所示。

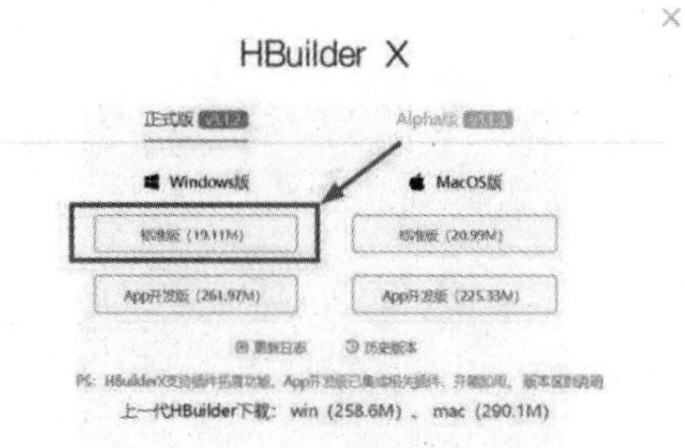

图 6-12　HBuilder X 下载页面

下载完成后,直接解压 HBuilder X 压缩包完成安装。

6.3 项目创建

6.3.1 项目创建

打开 PyCharm,依次点击"File"→"New Project",选择左边的"Django",出现对话框如

图 6-13 所示。

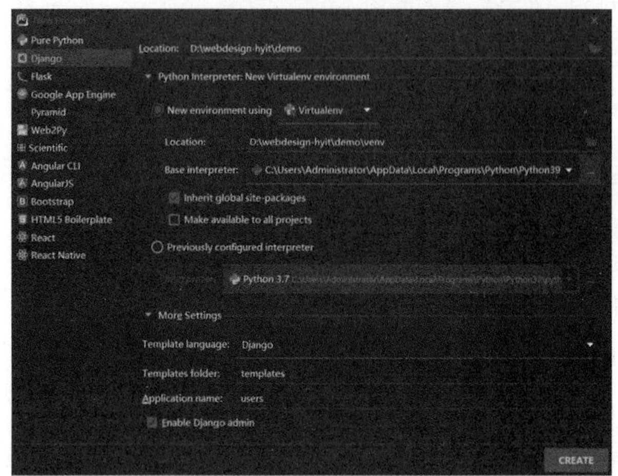

图 6-13 新建 Django 项目

在“Location”处选择工程目录位置。

在“New Virtualenv environment”处选择“Virtualenv”，虚拟环境会以 venv 的名字，自动在工程目录下生成。

在“Base interpreter”处，选择要使用的 Python 解释器。这里有两个单选框，勾选第一个“Inherit global site-packages”单选框，不然无法使用系统库。

如果想使用现成的解释器或者虚拟环境，请选择“Previously configured interpreter”。

在“More Settings”里选择使用的模板语言，默认 Django。

6.3.2 项目目录结构

项目目录结构如图 6-14 所示。

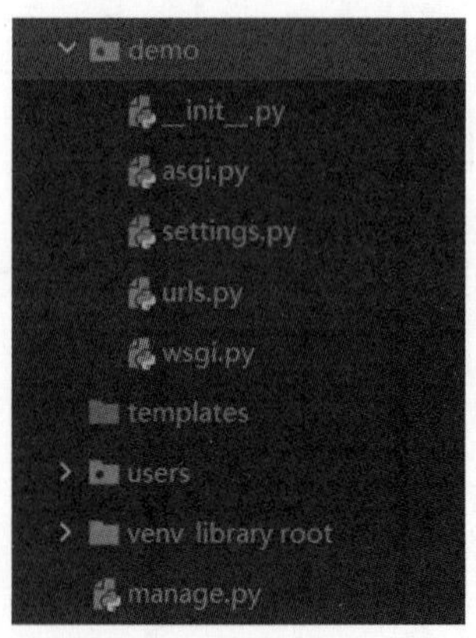

图 6-14 项目目录结构

asgi. py:项目与 ASGI 兼容的 Web 服务器入口。

settings. py:项目的整体配置文件。

urls. py:项目的 URL 配置文件。

wsgi. py:项目与 WSGI 兼容的 Web 服务器入口。

manage. py:项目管理文件,通过它管理项目。

6.3.3 运行开发服务器

在开发阶段,为了能够快速预览到开发的效果,Django 提供了一个 Python 编写的轻量级 Web 服务器,仅在开发阶段使用。

运行服务器命令如下:

```
python manage.pyrunserver ip:端口
```

或

```
python manage.pyrunserver
```

可不写 IP 和端口,默认 IP 是 127. 0. 0. 1,默认端口为 8000,启动后如图 6-15 所示。

```
Terminal:  Local  +
System check identified no issues (0 silenced).

You have 18 unapplied migration(s). Your project may not work properly until you apply the migrations for app(s): admin, auth, contenttypes, sessions.
Run 'python manage.py migrate' to apply them.
January 29, 2021 - 12:58:08
Django version 3.1.5, using settings 'djangoProject.settings'
Starting development server at http://127.0.0.1:8000/
Quit the server with CTRL-BREAK.
```

图 6-15　启动项目

在浏览器中输入地址 http://localhost:8080/,或者单击该地址,在浏览器中预览项目运行效果,如图 6-16 所示。

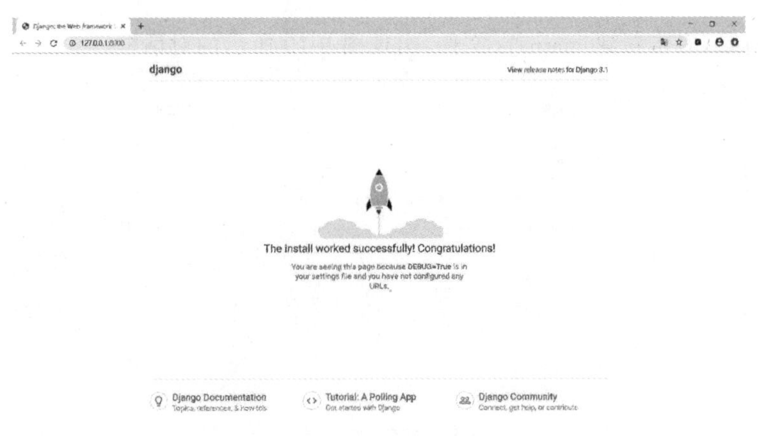

图 6-16　项目运行成功

6.4 Vue 实现 API 应用

创建 API 项目:打开 HBuilder X 应用程序,点击左上角的文件,依次选择"新建"→"项目",出现图 6-17 所示的对话框。

项目类型选择"普通项目",模板类型选择"基于 HTML 项目",点击"创建"按钮新建项目。项目创建成功之后,应用程序左侧会出现图 6-18 所示的目录。

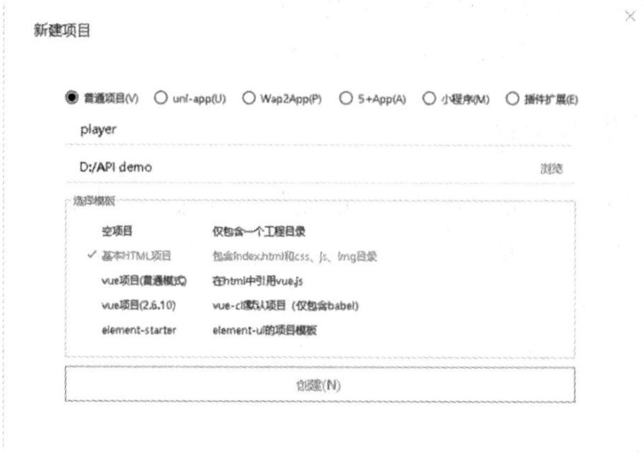

图 6-17　新建项目

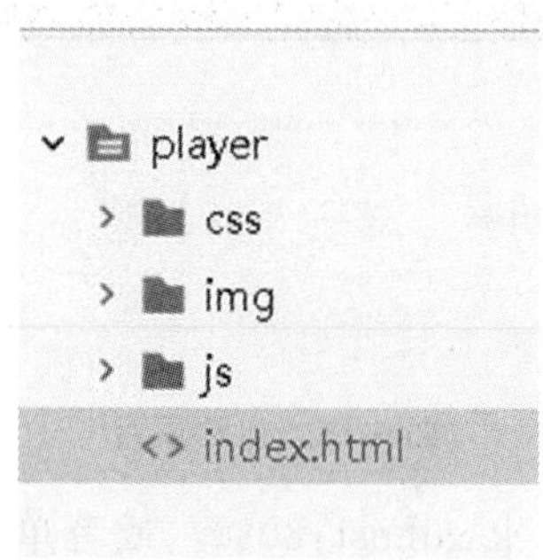

图 6-18　项目目录

选择 js 目录，右击新建 main. js 文件，出现图 6-19 所示的对话框。

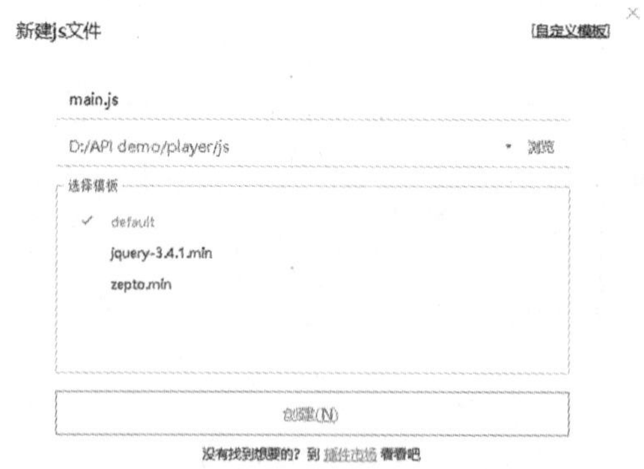

图 6-19　创建 main. js 文件

点击"创建"按钮创建. js 文件。

本项目共使用 3 个. js 文件和 1 个. css 文件，剩下的文件详情如图 6-20 所示。

将上述. js 和. css 文件分别复制到 js 和 css 文件夹下。

本项目共使用 8 张图片，详情如图 6-21 所示。

将上述图片复制到 img 文件夹下。

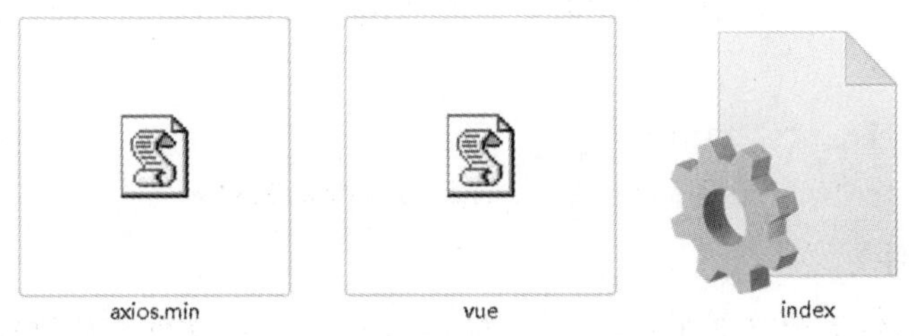

图 6-20　文件素材

图 6-21　图片素材

6.5 项目页面设计

播放器由搜索歌曲、歌曲列表、歌曲信息、评论容器、播放器、MV 六个部分组成。播放器静态界面如图 6-22 所示。

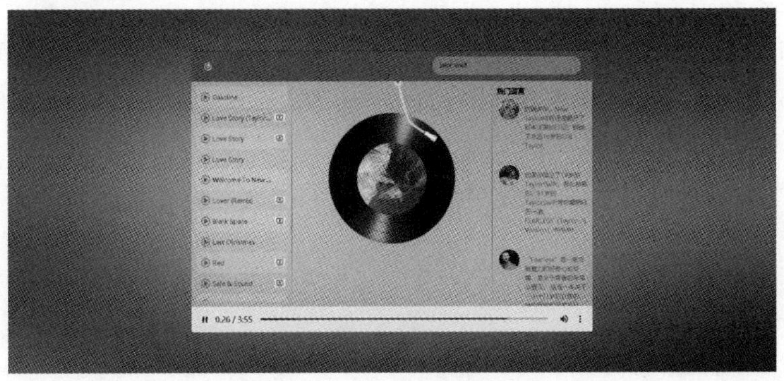

图 6-22　播放器静态界面

点击打开目录下的 index. html，开始设计页面。初始的 HTML 代码里面由<html>、<head>、<meta>、<title>和<body>五个标签。<head>标签用于定义文档的头部，它是所有头部元素的容器。文档的头部描述了文档的各种属性和信息，包括文档的标题、在 Web 中的位置以及和其他文档的关系等，绝大多数文档头部包含的数据都不会真正作为内容显示给读者。<title> 元素可定义文档的标题。<body>元素包含文档的所有内容（比如文本、超链接、图像、表格和列表等）。

1. 设计头内容

在<title>元素里设置网页标题为“player”；使用<link> 标签链接新创建的 index. css

文件，其中 rel="stylesheet"表示调用的是样式，href="./css/index.css"表示外部样式文件的路径。

```
< title> player< /title>
< link rel= "stylesheet" href= "./css/index.css">
```

2. 引入.js 文件

在<body>标签下定义 3 个<script>标签，src 表示.js 文件存放路径。

```
< script src= "./js/vue.js"> < /script>
< script src= "./js/axios.min.js"> < /script>
< script src= "./js/main.js"> < /script>
```

3. 页面整体布局

页面可分为背景墙和播放器主体区域。播放器里面分为三块，由上而下分别为搜索栏、歌曲详情栏和播放器控制栏。中间部分为三栏，从左到右分别为歌曲列表、歌曲信息和评论。

先使用<div>标签设置整个背景墙，其中 class="wrap"表示调用 css 样式表中的 wrap 类。

```
< div class= "wrap">
< ! --播放器主体区域 -->
    < div class= "play_wrap" id= "player">
    < /div>
< /div>
```

在背景墙<div>中定义<div>标签，标签里的内容为播放器主体和 MV，其中 class="play_wrap"表示调用 css 样式表中的 play_wrap 类，id="player"用于元素定位。

```
< div class= "wrap">
  < div class= "play_wrap" id= "player">
    < ! --搜索栏 -->
    < div class= "search_bar">
    < /div>
    < ! --歌曲详情栏 -->
    < div class= 'center_con'>
    < /div>
    < ! --播放器控制栏 -->
    < div class= "audio_con">
    < /div>
    < ! -- MV -->
    < div class= "video_con">
    < /div>
  < /div>
< /div>
```

4. 搜索栏

定义<div>标签，其中 class＝"search_bar"表示调用 css 样式表中的 search_bar 类。在<div>标签中定义<img>和<input>标签。<img>标签中 src 表示图片存放路径；<input>标签中 type＝"text"表示输入为文本，autocomplete＝"off"表示不启用自动完成功能，v-model 实现标签数据的双向绑定，@keyup. enter 监听事件实现歌曲搜索。

```
< div class= "search_bar">
      < img src= "img/logo.jpeg" style= "width:1.25rem;" alt= "" />
      < input type= "text" autocomplete= "off" v-model= "query"
      @ keyup.enter= "searchMusic" />
< /div>
```

5. 歌曲详情栏

定义<div>标签，其中 class＝' song_wrapper '表示调用 css 样式表中的 song_wrapper 类。在<div>标签中定义<ul>和<img>标签。<ul>标签中 class＝"song_list"表示调用 css 样式表中的 song_list 类；<img>标签中 src 表示图片存放路径，class＝"switch_btn"表示调用 css 样式表中的 switch_btn 类。在<ul>标签中定义<li>列表标签，列表渲染指令 v-for 用于获取列表信息；在<li>标签中定义<a>、<b>和<span>标签。<a>标签中 href＝"javascript:;"表示在触发默认动作时，不执行 JavaScript 代码，@ click＝"playMusic(item. id)"监听事件实现播放歌曲；<b>标签中 item. name 用于获取歌曲名字；<span>标签中 v-if＝"item. mvid! ＝0"实现元素的重建或销毁，@click＝"playMV(item. mvid)"监听事件实现播放 MV。

```
< div class= 'song_wrapper'>
    < ul class= "song_list">
      < li v-for= "item inmusicList">
        < a href= "javascript:;" @ click= "playMusic(item.id)"> < /a>
        < b> {{ item.name }}< /b>
        < span v-if= "item.mvid! = 0" @ click= "playMV(item.mvid)"> < i> < /i
> < /span>
      < /li>
    < /ul>
    < img src= "img/line.png" class= "switch_btn" alt= "">
< /div>
```

定义<div>标签，其中 class＝' player_con '表示调用 css 样式表中的 player_con 类，:class＝"{playing: isPlaying}"用于判断 playing 是否作用于该 div 元素上，数据由 isPlaying 决定；在<div>标签中定义 3 个<img>标签，src 表示图片存放路径，class＝"play_bar"、class＝"disc autoRotate"和 class＝"cover autoRotate"分别表示调用 css 样式表中的 play_bar、disc autoRotate 和 cover autoRotate 类，:src＝"musicCover"用于动态绑定歌曲封面 url。

```
< div class= "player_con" :class= "{playing:isPlaying}">
    < img src= "img/player_bar.png" class= "play_bar" />
    < img src= "img/disc.png" class= "disc autoRotate" />
    < img :src= "musicCover" class= "cover autoRotate" />
< /div>
```

定义<div>标签，其中 class='comment_wrapper'表示调用 css 样式表中的 comment_wrapper 类。在<div>标签中定义<h5>、<div>和<img>标签。<h5>标签中 class='title'表示调用 css 样式表中的 title 类；<div>标签中 class='comment_list'表示调用 css 样式表中的 comment_list 类；<img>标签中 class="right_line"表示调用 css 样式表中的 right_line 类，src 表示图片存放路径。使用列表渲染指令 v-for 获取评论信息，其中包括头像、网名和评论详情。在二级<div>标签中定义<dl>标签，其中列表渲染指令 v-for 用于获取列表信息。在<dl>标签中定义<dt>和<dd>标签，<dt>标签中定义<img>标签，其中 src="item. user. avatarUrl"用于动态绑定用户图片 url，<dd>标签中的 class="name"和 class="detail"分别表示调用 css 样式表中的 name 和 detail 类，item. nickname 和 item. content 分别用于获取用户名字和评论详情。

```
< div class= "comment_wrapper">
    < h5 class= 'title'> 热门留言< /h5>
    < div class= 'comment_list'>
      < dl v-for= "item inhotComments">
        < dt> < img :src= "item.user.avatarUrl" alt= ""> < /dt>
        < dd class= "name"> {{ item.nickname}}< /dd>
        < dd class= "detail">
            {{ item.content }}
        < /dd>
      < /dl>
    < /div>
    < img src= "img/line.png" class= "right_line">
< /div>
```

6. 播放器控制栏

定义<div>标签，其中 class=' audio_con '表示调用 css 样式表中的 audio_con 类；在<div>标签中定义<audio>音频标签，其中 class="myaudio"表示调用 css 样式表中的 myaudio 类，@play="play" 和@pause="pause"监听事件分别实现播放和暂停，: src="musicUrl"用于动态绑定歌曲 url。

```
< div class= "audio_con">
    < audio class= "myaudio" ref= 'audio' @ play= "play" @ pause= "pause" :src
= "musicUrl"
    controls autoplay loop >
    < /audio>
< /div>
```

7. 播放 MV

定义<div>标签，其中 class="video_con"表示调用 css 样式表中的 video_con 类，v-show 用于控制元素显隐。在<div>标签中定义<video>和<div>标签。<video>标签中：src="mvUrl"用于动态绑定 MVurl；<div>标签中 class="mask"表示调用 css 样式表中的 mask 类，@click="hide"监听事件实现 MV 界面的退出。

```
< div class= "video_con" v-show= "isShow" style= "display: none;">
    < video :src= "mvUrl" controls= "controls"> < /video>
    < div class= "mask" @ click= "hide"> < /div>
< /div>
```

6.6 项目功能模块

打开文件目录下的 main. js，开始实现功能模块。

6.6.1 歌曲搜索

1. 歌曲搜索接口

请求地址：https://autumnfish. cn/search。

请求方法：get。

请求参数：keywords(查询关键字)。

响应内容：歌曲搜索结果。

2. 功能实现

通过 el 设置挂载元素，我们通过审查元素的方法找到元素，具体元素定位如图 6-23 所示。

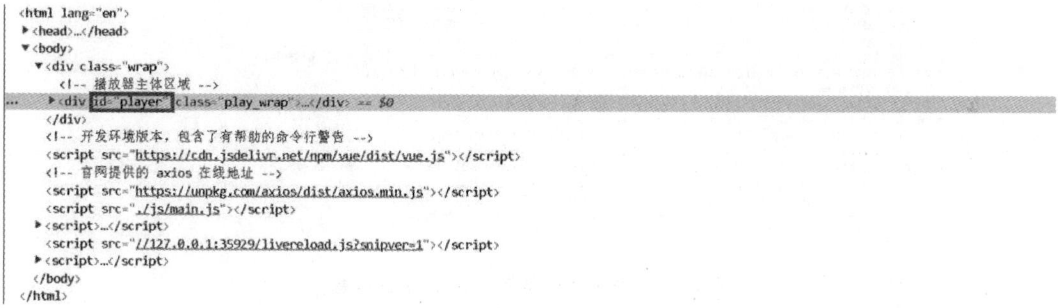

```
<html lang="en">
 ▶<head>…</head>
 ▼<body>
   ▼<div class="wrap">
      <!-- 播放器主体区域 -->
...   ▶<div id="player" class="play_wrap">…</div> == $0
     </div>
     <!-- 开发环境版本，包含了有帮助的命令行警告 -->
     <script src="https://cdn.jsdelivr.net/npm/vue/dist/vue.js"></script>
     <!-- 官网提供的 axios 在线地址 -->
     <script src="https://unpkg.com/axios/dist/axios.min.js"></script>
     <script src="./js/main.js"></script>
   ▶<script>…</script>
     <script src="//127.0.0.1:35929/livereload.js?snipver=1"></script>
   ▶<script>…</script>
   </body>
</html>
```

图 6-23 挂载元素定位

在 data 属性里添加 query 和 musicList 字段，内容分别为字符串和数组。

在 methods 方法里定义 searchMusic 方法，通过 axios. get(地址+参数)的方法来获取歌曲信息；添加两个回调函数，在第一个回调函数中打印网易云服务器返回的歌曲信息。

```
var app = new Vue({
  el: "# player",
  data: {
    query:"",
    musicList: [],
  },
  methods: {
    searchMusic: function() {
      axios.get("https://autumnfish.cn/search? keywords= " + this.query).
then(
        function(response) {
          console.log(response);
        },
        function(err) {}
      );
    },
});
```

运行项目服务器,在搜索框中输入歌手名字,网易云服务器返回的信息如图 6-24 所示。

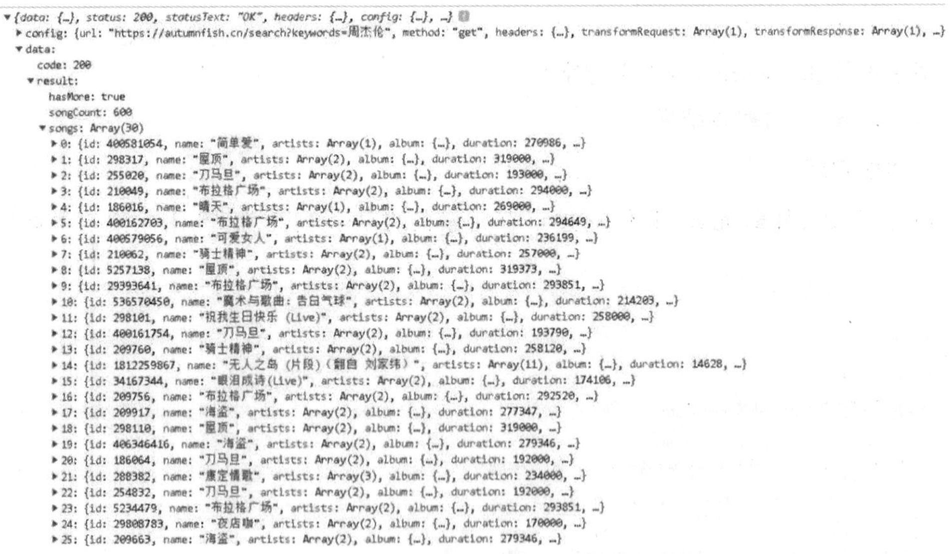

```
▼{data: {…}, status: 200, statusText: "OK", headers: {…}, config: {…}, …}
 ▶config: {url: "https://autumnfish.cn/search?keywords=周杰伦", method: "get", headers: {…}, transformRequest: Array(1), transformResponse: Array(1), …}
 ▼data:
   code: 200
  ▼result:
    hasMore: true
    songCount: 600
   ▼songs: Array(30)
    ▶0: {id: 400581054, name: "简单爱", artists: Array(1), album: {…}, duration: 270986, …}
    ▶1: {id: 298317, name: "屋顶", artists: Array(2), album: {…}, duration: 319000, …}
    ▶2: {id: 255020, name: "刀马旦", artists: Array(2), album: {…}, duration: 193000, …}
    ▶3: {id: 210049, name: "布拉格广场", artists: Array(2), album: {…}, duration: 294000, …}
    ▶4: {id: 186016, name: "晴天", artists: Array(1), album: {…}, duration: 269000, …}
    ▶5: {id: 400162703, name: "布拉格广场", artists: Array(2), album: {…}, duration: 294649, …}
    ▶6: {id: 400579056, name: "可爱女人", artists: Array(1), album: {…}, duration: 236199, …}
    ▶7: {id: 210062, name: "骑士精神", artists: Array(2), album: {…}, duration: 257000, …}
    ▶8: {id: 5257138, name: "屋顶", artists: Array(2), album: {…}, duration: 319373, …}
    ▶9: {id: 29393641, name: "布拉格广场", artists: Array(2), album: {…}, duration: 293851, …}
    ▶10: {id: 536570450, name: "魔术与歌曲：告白气球", artists: Array(2), album: {…}, duration: 214203, …}
    ▶11: {id: 298101, name: "祝我生日快乐 (Live)", artists: Array(2), album: {…}, duration: 258000, …}
    ▶12: {id: 400161754, name: "刀马旦", artists: Array(2), album: {…}, duration: 193790, …}
    ▶13: {id: 209760, name: "骑士精神", artists: Array(2), album: {…}, duration: 258120, …}
    ▶14: {id: 1812259867, name: "无人之岛 (片段)（翻自 刘家纬）", artists: Array(11), album: {…}, duration: 14628, …}
    ▶15: {id: 34167344, name: "眼泪成诗(Live)", artists: Array(2), album: {…}, duration: 174106, …}
    ▶16: {id: 209756, name: "布拉格广场", artists: Array(2), album: {…}, duration: 292520, …}
    ▶17: {id: 209917, name: "海盗", artists: Array(2), album: {…}, duration: 277347, …}
    ▶18: {id: 298110, name: "屋顶", artists: Array(2), album: {…}, duration: 319000, …}
    ▶19: {id: 406346416, name: "海盗", artists: Array(2), album: {…}, duration: 279346, …}
    ▶20: {id: 186064, name: "刀马旦", artists: Array(2), album: {…}, duration: 192000, …}
    ▶21: {id: 288382, name: "康定情歌", artists: Array(3), album: {…}, duration: 234000, …}
    ▶22: {id: 254832, name: "刀马旦", artists: Array(2), album: {…}, duration: 192000, …}
    ▶23: {id: 5234479, name: "布拉格广场", artists: Array(2), album: {…}, duration: 293851, …}
    ▶24: {id: 29808783, name: "夜店咖", artists: Array(2), album: {…}, duration: 170000, …}
    ▶25: {id: 209663, name: "海盗", artists: Array(2), album: {…}, duration: 279346, …}
```


图 6-24　网易云服务器返回的歌曲信息

从图 6-24 中可以看出歌曲信息都放在"data"—"result"—"songs"中,重新修改第一个回调函数,另外添加新的变量来保存 this 的值。

```
var that = this;
axios.get("https://autumnfish.cn/search? keywords= " + this.query).then(
  function(response) {
    that.musicList = response.data.result.songs;
  },
```

6.6.2 歌曲播放

1. 歌曲 url 获取接口

请求地址:https://autumnfish.cn/song/url。

请求方法:get。

请求参数:id(歌曲 id)。

响应内容:歌曲 url 地址。

2. 功能实现

在 data 属性里添加 musicUrl 字段,内容为字符串。

在 methods 方法里定义 playMusic 方法,设置行参 musicId,通过 axios.get(地址+参数)的方法来获取歌曲信息;添加两个回调函数,在第一个回调函数中打印服务器返回的信息。

```
playMusic: function(musicId) {
    var that = this;
    axios.get("https://autumnfish.cn/song/url? id= " + musicId).then(
      function(response) {
        console.log(response);
      },
      function(err) {}
);
```

运行项目服务器,播放歌曲,网易云服务器返回的信息如图 6-25 所示。

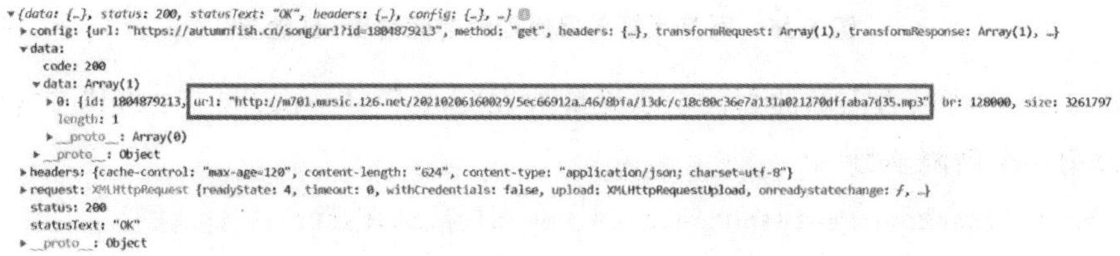

```
▾{data: {…}, status: 200, statusText: "OK", headers: {…}, config: {…}, …}
  ▸config: {url: "https://autumnfish.cn/song/url?id=1804879213", method: "get", headers: {…}, transformRequest: Array(1), transformResponse: Array(1), …}
  ▾data:
     code: 200
    ▾data: Array(1)
      ▸0: {id: 1804879213, url: "http://m701.music.126.net/20210206160029/5ec66912a…A6/8bfa/13dc/c18c80c36e7a131a021270dffaba7d35.mp3", br: 128000, size: 3261797
       length: 1
      ▸__proto__: Array(0)
    ▸__proto__: Object
  ▸headers: {cache-control: "max-age=120", content-length: "624", content-type: "application/json; charset=utf-8"}
  ▸request: XMLHttpRequest {readyState: 4, timeout: 0, withCredentials: false, upload: XMLHttpRequestUpload, onreadystatechange: ƒ, …}
   status: 200
   statusText: "OK"
  ▸__proto__: Object
```

图 6-25　网易云服务器返回的歌曲 url 地址

从图 6-25 中可以看出歌曲 url 地址放在“data”—“data[0]”—“url”中,需要修改第一个回调函数,另外添加新变量来保存 this 的值。

```
var that = this;
axios.get("https://autumnfish.cn/song/url? id= " + musicId).then(
  function(response) {
    that.musicUrl = response.data.data[0].url;
  },
```

6.6.3 歌曲封面

1. 歌曲详情获取

请求地址:https://autumnfish.cn/song/detail。

请求方法：get。

请求参数：ids（歌曲 id）。

响应内容：歌曲详情（包括封面信息）。

2. 功能实现

在 data 属性里添加 musicCover 字段，内容为字符串。

歌曲详情和播放歌曲同时进行，因此在 playMusic 方法里添加 axios. get（地址＋参数）的方法来获取歌曲详情信息；设置两个回调函数，在第一个回调函数中打印服务器返回的信息。

```
axios.get("https://autumnfish.cn/song/detail? ids= " + musicId).then(
  function(response) {
    console.log(response);
    },
  function(err) {}
);
```

运行项目服务器，播放歌曲，网易云服务器返回的信息如图 6-26 所示。

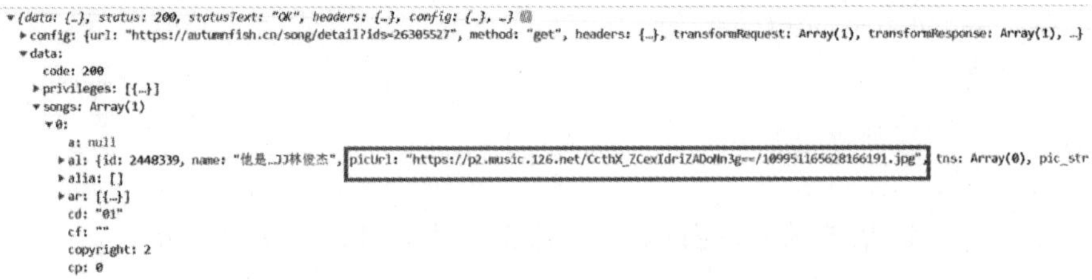

```
▼{data: {…}, status: 200, statusText: "OK", headers: {…}, config: {…}, …}
 ▶config: {url: "https://autumnfish.cn/song/detail?ids=26305527", method: "get", headers: {…}, transformRequest: Array(1), transformResponse: Array(1), …}
 ▼data:
   code: 200
  ▶privileges: [{…}]
  ▼songs: Array(1)
   ▼0:
     a: null
    ▶al: {id: 2448339, name: "他是…JJ林俊杰", picUrl: "https://p2.music.126.net/CcthX_ZCexIdriZADoMn3g==/109951165628166191.jpg", tns: Array(0), pic_str
    ▶alia: []
    ▶ar: [{…}]
     cd: "01"
     cf: ""
     copyright: 2
     cp: 0
```

图 6-26　网易云服务器返回的封面信息 url 地址

从图 6-26 中可以看出歌曲封面信息地址放在“data”—“songs[0]”—“al”—“picUrl”中，需要修改第一个回调函数。

```
that.musicCover = response.data.songs[0].al.picUrl;
```

下面实现歌曲封面动画。在 data 属性里定义 isPlaying 字段，默认为 false；新建两个方法，分别为 play 和 pause，用来修改 isPlaying 的值。

```
play: function() {
    this.isPlaying = true;
},
pause: function() {
    this.isPlaying = false;
},
```

6.6.4 歌曲评论

1. 热门评论获取

请求地址：https://autumnfish. cn/comment/hot? type=0。

请求方法：get。

请求参数:id(歌曲 id,地址中的 type 固定为 0)。

响应内容:歌曲的热门评论。

2. 功能实现

在 data 属性里添加 hotComments 字段,内容为数组。

歌曲评论和播放歌曲应同时进行,因此在 playMusic 方法里添加 axios. get(地址+参数)的方法来获取歌曲评论信息;设置两个回调函数,在第一个回调函数中打印服务器返回的信息。

```
    axios.get("https://autumnfish.cn/comment/hot? type=0&id=" + musicId).
then(
            function(response) {
                console.log(response);
            },
            function(err) {}
    );
```

运行项目服务器,播放歌曲,网易云服务器返回的信息如图 6-27 所示。

▸config: {url: "https://autumnfish.cn/comment/hot?type=0&id=26305545", method: "get", headers: {…}, transformRequest: Array(1), transformResponse: Array(1), …}
▾data:
code: 200
hasMore: true
▾hotComments: Array(20)
▾0:
▸beReplied: []
commentId: 3474600735
commentLocationType: 0
content: "“见不到你满学校找你，见到你又躲开你”"
▸decoration: {}
expressionUrl: null
liked: false
likedCount: 4736
parentCommentId: 0
pendantData: null
repliedMark: null
showFloorComment: null
status: 0
time: 1602250025546
▾user:
anonym: 0
authStatus: 0
avatarDetail: null
avatarUrl: "https://p4.music.126.net/7WguQPnP8SSmxj_kgt_c-g==/109951165261482787.jpg"
expertTags: null

图 6-27　网易云服务器返回的评论信息

从图 6-27 中可以看出歌曲评论信息地址放在“data”—“hotComments”,需要修改第一个回调函数。

```
that.hotComments = response.data.hotComments;
```

6.6.5 播放 MV

1. MV 地址获取

请求地址:https://autumnfish. cn/mv/url。

请求方法:get。

请求参数:id(mvid,为 0 表示没有 mv)。

响应内容:MV 地址。

2. 功能实现

在 data 属性里添加 mvUrl 字段,内容为字符串。

在 methods 方法里定义 playMV 方法，设置行参 mvid，通过 axios. get(地址+参数)的方法来获取歌曲 MV 地址；添加两个回调函数，在第一个回调函数中打印服务器返回的信息。

```
playMV: function(mvid) {
    axios.get("https://autumnfish.cn/mv/url? id= " + mvid).then(
        function(response) {
          console.log(response);
        },
        function(err) {}
      );
},
```

运行项目服务器，播放 MV，网易云服务器返回的信息如图 6-28 所示。

```
▼{data: {…}, status: 200, statusText: "OK", headers: {…}, config: {…}, …}
 ▶config: {url: "https://autumnfish.cn/mv/url?id=522362", method: "get", headers: {…}, transformRequest: Array(1), transformResponse: Array(1), …}
 ▼data:
    code: 200
  ▶data: {id: 522362, url: "http://vodkgeyttp8.vod.126.net/cloudmusic/MTI5MDc0…7f017d0d862674d90faea1806c27570&wsTime=1612593817", r: 480, size: 28075656, md5: "", …}
  ▶__proto__: Object
 ▶headers: {cache-control: "max-age=120", content-length: "335", content-type: "application/json; charset=utf-8"}
 ▶request: XMLHttpRequest {readyState: 4, timeout: 0, withCredentials: false, upload: XMLHttpRequestUpload, onreadystatechange: f, …}
  status: 200
  statusText: "OK"
 ▶__proto__: Object
```

图 6-28　网易云服务器返回 MV 的 url 地址

从图 6-28 中可以看出歌曲 MV 地址放在“data”—“data”—“url”，需要修改第一个回调函数，另外添加新变量来保存 this 的值。

```
var that = this;
axios.get("https://autumnfish.cn/mv/url? id= " + mvid).then(
  function(response) {
    that.isShow = true;
    that.mvUrl = response.data.data.url;
  },
```

下面实现 MV 播放界面的隐显。在 data 属性里定义 isShow 字段，默认为 false；当播放 MV 时，需将 isShow 设置为 true，因此在回调函数中修改 isShow 的值；另外新建一个 hide 方法，用来隐藏 MV 播放界面。

```
hide: function() {
      this.isShow = false;
}
```

6.7 项目代码

index. html 部分代码如下：

```
< ! DOCTYPE html>
< html>
< head>
```

```
        < meta charset= "UTF-8" />
        < title> player< /title>
        < link rel= "stylesheet" href= "./css/index.css">
      < /head>
      < body>
        < div class= "wrap">
          < ! -- 播放器主体区域 -->
          < div class= "play_wrap" id= "player">
            < div class= "search_bar">
              < img src= "img/logo.jpeg" style= "width:1.25rem;" alt= "" />
              < ! -- 搜索歌曲 -->
                    < input type= "text" placeholder= "输入歌手" autocomplete= "off"
v-model= "query" @ keyup.enter= "searchMusic" />
            < /div>
            < div class= "center_con">
              < ! -- 搜索歌曲列表 -->
              < div class= 'song_wrapper'>
                < ul class= "song_list">
                  < li v-for= "item in musicList">
                    < a href= "javascript:;" @ click= "playMusic(item.id)"> < /a>
                    < b> {{ item.name }}< /b>
                    < span v-if= "item.mvid! = 0" @ click= "playMV(item.mvid)"> < i
> < /i> < /span>
                  < /li>
                < /ul>
                < img src= "img/line.png" class= "switch_btn" alt= "">
              < /div>
              < ! -- 歌曲信息容器 -->
              < div class= "player_con" :class= "{playing:isPlaying}">
                < img src= "img/player_bar.png" class= "play_bar" />
                < img src= "img/disc.png" class= "disc autoRotate" />
                < img :src= "musicCover" class= "cover autoRotate" />
              < /div>
              < ! -- 评论容器 -->
              < div class= "comment_wrapper">
                < h5 class= 'title'> 热门留言< /h5>
                < div class= 'comment_list'>
                  < dl v-for= "item in hotComments">
                    < dt> < img :src= "item.user.avatarUrl" alt= ""> < /dt>
                    < dd class= "name"> {{ item.nickname}}< /dd>
```

```
                < dd class= "detail">
                  {{ item.content }}
                </dd>
              </dl>
            </div>
            < img src= "img/line.png" class= "right_line">
          </div>
        </div>
        < div class= "audio_con">
              < audio ref= 'audio' @ play= "play" @ pause= "pause" :src= "
musicUrl" controls autoplay loop class= "myaudio"> </audio>
        </div>
        < div class= "< video_con> < /video_con> " v-show= "isShow" style= "
display: none;">
          < video :src= "mvUrl" controls= "controls"> </video>
          < div class= "mask" @ click= "hide"> </div>
        </div>
      </div>
    </div>
    < script src= "./js/vue.js"> </script>
    < script src= "./js/axios.min.js"> </script>
    < script src= "./js/main.js"> </script>
  </body>
  </html>
```

main.js 部分代码如下：

```
  var app = new Vue({
    el: "# player",
    data: {
      query:"",
      musicList: [],
      musicUrl: "",
      musicCover: "",
      hotComments: [],
      isPlaying: false,
      isShow: false,
  mvUrl: ""
    },
    methods: {
      searchMusic: function() {
        var that = this;
```

```
          axios.get("https://autumnfish.cn/search? keywords= " + this.query).
then(
            function(response) {
              //console.log(response);
              that.musicList = response.data.result.songs;
            },
            function(err) {}
          );
        },
        playMusic: function(musicId) {
          var that = this;
          axios.get("https://autumnfish.cn/song/url? id= " + musicId).then(
            function(response) {
              //console.log(response);
              that.musicUrl = response.data.data[0].url;
            },
            function(err) {}
          );
          axios.get("https://autumnfish.cn/song/detail? ids= " + musicId).then(
            function(response) {
              //console.log(response);
              that.musicCover = response.data.songs[0].al.picUrl;
            },
            function(err) {}
          );
           axios. get ( " https://autumnfish. cn/comment/hot? type = 0&id = " +
musicId).then(
            function(response) {
              //console.log(response);
              that.hotComments = response.data.hotComments;
            },
            function(err) {}
          );
        },
        play: function() {
          this.isPlaying = true;
        },
        pause: function() {
          this.isPlaying = false;
        },
```

```
      playMV: function(mvid) {
        var that = this;
        axios.get("https://autumnfish.cn/mv/url? id= " +  mvid).then(
          function(response) {
            //console.log(response);
            that.isShow = true;
            that.mvUrl = response.data.data.url;
          },
          function(err) {}
        );
      },
      hide: function() {
        this.isShow = false;
      }
    }
  });
```

第7章

ECharts数据可视化设计

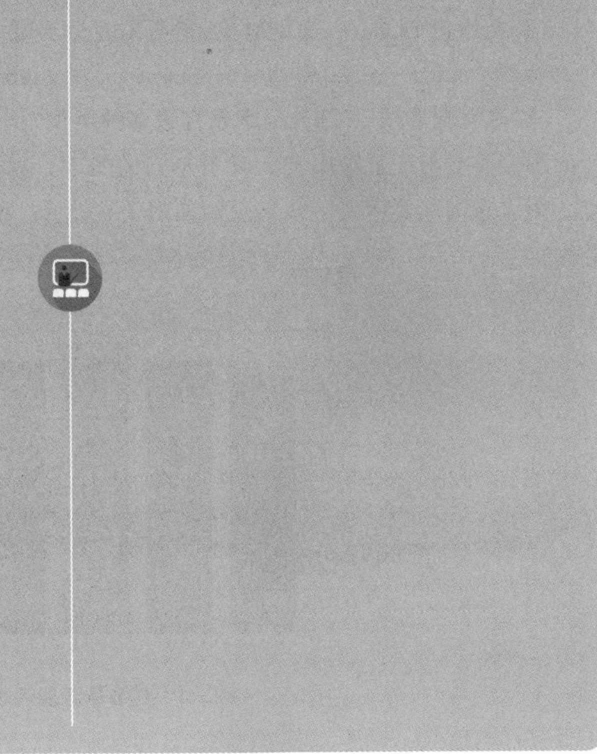

7.1 ECharts 图表展示

数据可视化就是把数据以更加直观的方式进行呈现，图表数据可视化的好处之一就是能够清晰有效地传达信息和沟通信息，将数据以图表的方式呈现出来还可以帮助我们感受到那些隐藏在数据之间的信息。

ECharts 是百度公司开源的一个使用 JavaScript 实现的开源可视化库，兼容性强，底层依赖矢量图形库 ZRender，提供直观、交互丰富、可高度个性化定制的数据可视化图表。ECharts 兼容当前绝大部分浏览器(IE 8/9/10/11、Chrome、Firefox、Safari 等)及多种设备。ECharts 能够做出各种各样漂亮的图表，能满足绝大多数可视化图表的实现，使用方便、功能强大，是实现数据可视化的最佳选择之一。更多特点和介绍可以查阅官网地址：https://echarts.apache.org/zh/index.html。

1. ECharts 的安装

ECharts 的安装可以选择两种方式，一种是在页面中引入 echarts.js 文件，代码如下：

```
< script src= "js/echarts.min.js"> < /script>
```

若使用 Vue-cli(Vue 脚手架)搭建项目，则可以使用语句 npm install echarts 进行安装。

2. ECharts 的使用和配置

安装完成后 ECharts 和 ZRender 位于 node_modules 目录下，我们可以直接在项目代码中使用语句 require('echarts')来使用 ECharts。

(1)准备一个呈现图表的 div，这个 div 的位置决定了图表的位置，实例如下：

```
< div id= "container" style= "width: 800px;height:800px;"> < /div>
```

(2)初始化 ECharts 实例对象，指明图表显示哪一个 DOM 元素：

```
var myChart = echarts.init(document.getElementById('container'))
```

(3)准备配置项：ECharts 图表有很多种类型，例如折线图、柱状图、饼图等，最终确定显示的图表类型由配置项决定。对于不同的图表，基本是对配置项做设置，其他部分设置不变。图表在浏览器中展示效果示例如图 7-1 所示。相关代码如下：

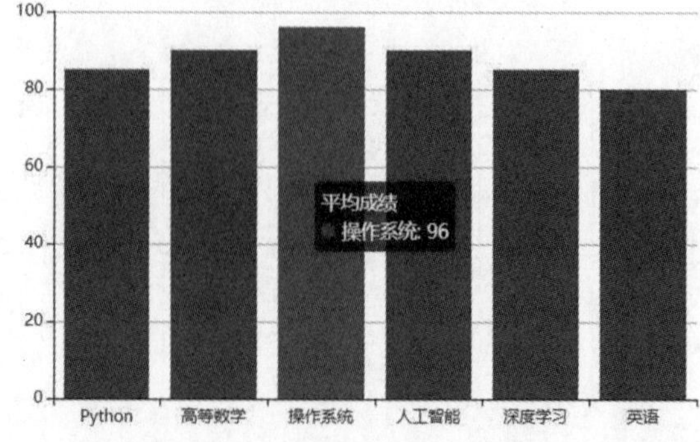

图 7-1 柱形图表展示效果示例

ECharts安装

```
//绘制图表
myChart.setOption({
    title: {
        text: '成绩展示'
    },
    tooltip: {},
    xAxis: {
        data: ['Python 程序设计', '高等数学', '操作系统', '人工智能', '深度学习','英语']
    },
    yAxis: {},
    series: [{
        name: '平均成绩',
        type: 'bar',
        data: [85, 90, 96, 90, 85, 80]
    }]
});
```

其中：xAxis 代表直角坐标系中的 x 轴，如果 type 属性的值为 category，那么需要配置 data 数据，代表在 x 轴的呈现；yAxis 代表直角坐标系中的 y 轴，如果 type 属性配置为 value，那么无须配置 data，此时 y 轴会自动去 series 下找数据进行图表的绘制；series 代表系列列表。每个系列通过 type 决定图表类型，data 用于设置每个系列的数据，配置项都以键值对的形式存在。

饼图的数据是由 name 和 value 组成的字典所形成的数组，饼图无须配置 xAxis 和 yAxis。例如以下代码可以设计一个饼图，展示效果如图 7-2 所示。

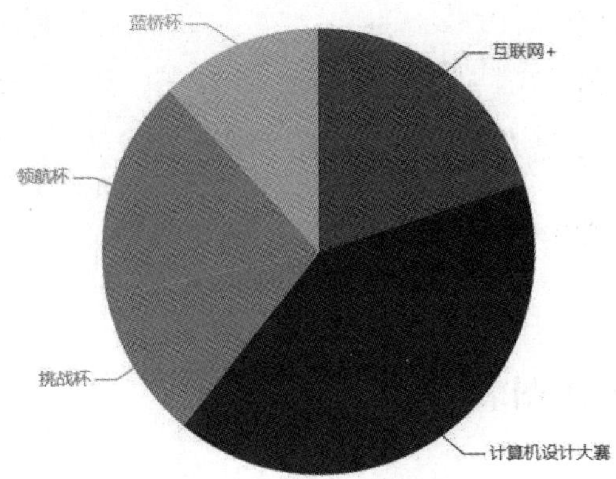

图 7-2 饼状图表展示效果

```
< script>
    var mCharts = echarts.init(document.querySelector("div"))
    var pieData = [
        {
```

```
                name: '互联网+ ',
                value: 11231
            },
            {
                name: '计算机设计大赛',
                value: 22673
            },
            {
                name: '挑战杯',
                value: 6123
            },
            {
                name: '领航杯',
                value: 8989
            },
            {
                name: '蓝桥杯',
                value: 6700
            }
        ]
        var option = {
            title: {
                text: '学生参赛获奖展示'
            },
            series: [{
                type: 'pie',
                data:pieData
            }]
        }
        mCharts.setOption(option)
</script>
```

7.2 ECharts 地图图表展示

ECharts 展示地图形式图表主要有两种方式：一种是百度地图 API，需要在线申请使用百度地图 API，实现在线联网展示地图；另外一种是矢量地图方式，通过矢量地图数据离线展示地图。

以矢量地图的实现为例，实现方法如下：

(1)ECharts 基本的代码结构：

```
< ! DOCTYPE html>
< html lang= "en">
< head>
    < script src= "js/echarts.min.js"> < /script>
< /head>
< body>
    < div style= "width:800px;height:600px"> < /div>
    < script>
        var mCharts = echarts.init(document.querySelector("div"))
        var option = {}
        mCharts.setOption(option)
    < /script>
< /body>
< /html>
```

(2)将地图的矢量.json 文件放到项目的 json/map/路径之下。

(3)使用 Ajax 获取地图的.json 文件“china.json”,代码如下:

```
$ .get('json/map/china.json', function (chinaJson) {
})
```

(4)在 Ajax 的回调函数中,向 ECharts 全局对象注册地图的 json 数据,代码如下:

```
$ .get('json/map/china.json', function (chinaJson) {
  echarts.registerMap('chinaMap', chinaJson)
})
```

(5)获取到数据后,需要配置 geo 节点,再次设置 setOption:

```
var mCharts = echarts.init(document.querySelector("div"))
$ .get('json/map/china.json', function (chinaJson) {
  echarts.registerMap('chinaMap', chinaJson)
  var option = {
    geo: {
      type: 'map',// map 是一个固定的值
      map: 'chinaMap',
      //chinaMap 需要和 registerMap 中的第一个参数保持一致
    }
  };
  mCharts.setOption(option)
})
```

7.3 ECharts 整合 Spring Boot 动态展示图表

本节介绍应用 Spring Boot 整合 ECharts 动态展示 MySQL 中的数据,如图 7-3 所示。

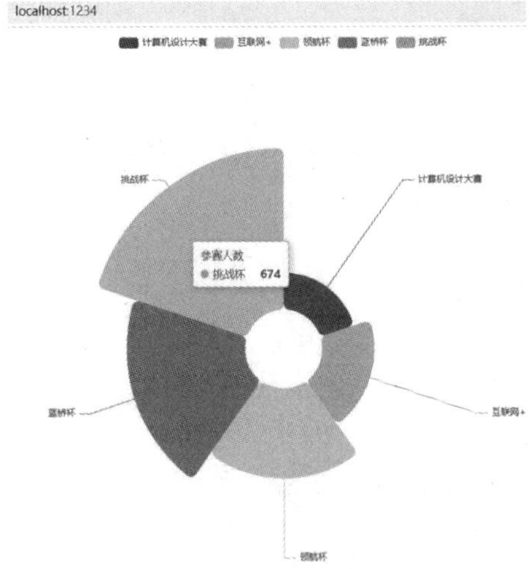

图 7-3　ECharts 整合 Spring Boot 动态展示图表效果

(1)配置项目后端数据访问接口文件 application. yml,代码如下:

```
server:
  port: 1234
spring:
  datasource:
    driver-class-name: com.mysql.cj.jdbc.Driver
    username: root
    password: 123456
        url:    jdbc:   mysql://localhost:   3306/echarts?  useUnicode   =
true&characterEncoding   =   utf-8&allowMultiQueries   =   true&useSSL   =
false&serverTimezone= GMT% 2b8
    type: com.alibaba.druid.pool.DruidDataSource
```

(2)在项目后端项目 entity 路径中添加 Echarts 实体类,代码如下:

```
package com.example.entity;
import com.baomidou.mybatisplus.annotation.IdType;
import com.baomidou.mybatisplus.annotation.TableId;
import com.baomidou.mybatisplus.annotation.TableName;
import com.fasterxml.jackson.annotation.JsonFormat;
import lombok.Data;
import java.util.Date;
@ Data
@ TableName("echarts")
public class Echarts {
    @ TableId(value = "id", type = IdType.AUTO)
    private Long id;
```

```
    private String name;
    private Integer count;
    @ JsonFormat(pattern = "yyyy-MM-dd", timezone = "GMT+ 8")
    private Date date;
}
```

(3)设计表示层 Controller,在 EchartsController.java 文件中新增 echarts 方法,即可完成后端动态访问 ECharts 的设计,Vue 前端对饼图的设计参见第 7.1 节,代码如下:

```
package com.example.controller;
import com.baomidou.mybatisplus.core.toolkit.Wrappers;
import com.example.mapper.EchartsMapper;
import org.springframework.web.bind.annotation.GetMapping;
import org.springframework.web.bind.annotation.RequestMapping;
import org.springframework.web.bind.annotation.RestController;
import javax.annotation.Resource;
@ RestController
@ RequestMapping("/echarts")
public class EchartsController {
    @ Resource
    private EchartsMapper echartsMapper;
    @ GetMapping
    public Object echarts() {
        //查询数据库 echarts 表的所有数据
        return echartsMapper.selectList(Wrappers.lambdaQuery());
    }
}
```